中华科技传奇丛书

从夏特古道到京沪高铁

郭建红　编著

U0395607

上海科学普及出版社

图书在版编目(CIP)数据

从夏特古道到京沪高铁/郭建红编著 . ——上海：
上海科学普及出版社，2014.3
(中华科技传奇丛书)
ISBN 978－7－5427－6037－1

Ⅰ. ①从… Ⅱ. ①郭… Ⅲ. ①高铁－技术史－中国－
普及读物 Ⅳ. ①V4－092

中国版本图书馆 CIP 数据核字(2013)第 306651 号

责任编辑:胡　伟

中华科技传奇丛书

从夏特古道到京沪高铁

郭建红　编著

上海科学普及出版社出版发行

(上海中山北路 832 号　邮政编码 200070)

http://www.pspsh.com

各地新华书店经销　三河市华业印装厂印刷

开本 787×1092　1/16　印张 11.5　字数 181 400

2014 年 3 月第一版　2014 年 3 月第一次印刷

ISBN 978－7－5427－6037－1　定价:22.00 元

前言

　　交通是联系社会生产和消费的纽带和桥梁，是保证人们在政治、经济、文化、军事等方面联系交往的手段。交通运输对人类社会发展影响深远，交通本身是人类社会重要的文化现象，也是社会文明进程的重要标志，交通作为国民经济的命脉，在经济社会发展中占有绝对重要的地位，要发展经济必须做到交通先行。

　　我国交通的发展历史悠久，有人的地方就有路。在漫长的人类社会发展历程中，随着社会经济的变迁，交通工具的不断改善，交通的发展经历了一系列的重大改革。交通的进步与生产力的发展呈现出同步的趋势，从最初的人扛畜拉发展到现在的陆、海、空立体交通，从古道到公路、桥梁、铁路、高铁，从马车、牛车到高速电动车组等等。交通运输一直随着时代发展的脚步在不断的向前发展，促进经济的繁荣以及文化的传播。

　　我国各地经济的快速发展，对交通运输的需求增加，使得交通的发展覆盖了全国各地。交通的涵盖范围广泛，不但涵盖了北上广等经济发达的都市，还延伸到青藏高原等偏远地区。交通的发展有利于我国人员、经济、贸易物资的交流，促进社会发展；有利于缩短各地交通路线的长度，优化投资环境。

　　本书讲述了从夏特古道到京沪高铁的交通发展进程。从夏特古道的悠悠岁月讲起，在上千年的发展历程中，人们的足迹在古道上留下了历史的痕迹；近代公路运输业的发展，给人类交通注入了一股新鲜的活力；铁路的发展成为社会经济发展的重要载体之一，改变了以往人力运输的历史；在水面上架起的一座座桥梁，带给人们更为方便、直接的交通道路。交通

1

的发展离不开人，阅读本书，你可以从中了解到我国的交通史上的伟大的人物，如被誉为"中国铁路之父"的詹天佑。此外，本书还从交通工具的发展史出发，讲述了随着时代变迁，交通工具从商代的马车走到"中华之星"高速电动车组的历程。

目录

三、铁路

四、交通工具

五、中国交通史上的人物

目　录

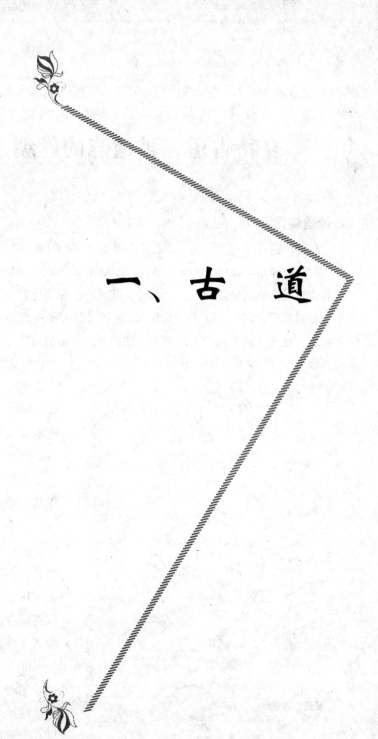

一、古　道

夏特古道，被遗忘的丝绸之路

⊙拾遗钩沉

　　夏特，清代称沙图阿满台，位于昭苏西南部的汗腾格里山下，是伊犁至阿克苏的交通驿站。据历史记载，早在2 000多年前的西汉时期，就有前往长安的乌孙使者马队在这条夏特古道上踏过，细君公主和解忧公主远嫁乌孙昆莫王的车仗也曾途经此地。到了公元629年，唐朝玄奘大师在去印度取经途中也曾路过此地，在《大唐西域记》一书中，他曾对这一带的惊险环境作了多番描述，称这一带"多暴龙"，所谓"暴龙"，旧指雪崩和冰崩等。所以，当时的人路经此地不得大声呼唤，稍有声波振动就有可能引发雪崩。玄奘在离开托木尔峰南坡今阿克苏一带的跋禄迦国后，沿着南木扎尔特河越过冰达坂，历经重重险阻，才到达北坡。但是，随从人马不堪恶劣环境，冻死者甚众，所以夏特古道也因此被后人称为"唐僧古道"。

　　100多年前的清代，"长百里，高百丈"的木扎尔特冰川仍然呈现坚冰成块，参差排列，稍有不慎，

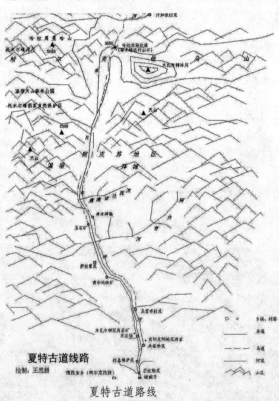

夏特古道线路
绘制：王思田

夏特古道路线

便直落洞底的可怕形态，险恶的古道让人畏惧不前。而看守古道的70户人家为了保障这条古道的顺利通行，竟想到了修筑梯子来攀爬冰壁这一方法。可是那时候的人们并没有冰爪、冰镐这类现代攀冰工具。那么，面对陡峭的冰川冰壁，他们想到了用羊腿筑成的梯子。于是，他们赶来一群群的绵羊，在冰壁底下屠宰，切下它们的四肢。趁着羊只血液尚未凝固就立刻把它们粘连在冰壁上面。冰川固有的低温使得羊匹的四肢很快就凝固在冰壁之上，这恐怕是世界上所绝无仅有的天梯。

由于夏特古道是从伊犁河谷直通阿克苏的最快捷的道路，所以具有重要的战略意义。1945年7月，苏联军队支持下的维吾尔革命军曾经在这一带和国民党政府军队激烈作战，最终控制了这条通道，也就掌握了作战的有利地势，最终取得了军事行动的胜利。直至今日，在夏特古道哈达木孜大达坂和木扎尔特山口附近的许多巨石上，还刻有维吾尔文字和三区革命军的徽记，上面记录了这次由夏特古道出击南疆阿克苏的军事行动。

⊙史实链接

从20世纪中叶起，由于沿天山南北公路交通状况得以改善，险峻的夏特古道不再是翻越天山的唯一通道了，所以渐渐地很少有人由此经过，它也逐渐被遗忘了。20世纪80年代末，夏特古道在历史、人文、旅游、生态、登山探险等方面的特殊价值重新引起了国内外的关注和重视，人们对夏特古道的探险考察活动也由此拉开了序幕。1989年6月至8月，新疆大自然旅行社与一支16人的日本探险旅游团共同组成了"中日联合探险队"，采用南北照应的方式，合力穿越古道。相隔12年后，2001年8月，乌鲁木齐市登山探险协会从昭苏的夏特温泉出发，企图再创穿越古道的辉煌，但他们为此付出了沉重的代价——协会主席董务新在探险途中不幸遇难。他们只好中途折回，并派人到南边折返路线寻找董务新的遗体，此次活动以失败告终。

夏特古道是集考古和探险为一体的高危的徒步探险线路，穿越途中，支离

探险家徒步穿越夏特古道

破碎的木扎特的冰川、冰河，以及汹涌的南木扎尔特河，都会给探险者的生命构成威胁。而且马匹无法行走在木扎尔特冰川上，探险者一切只能依靠自己，背负着沉重的食物和装备。同时，在高海拔的地区行走对探险者来说本身也是一种对体力的挑战。

⊙古今评说

　　夏特古道全长120千米，是丝绸之路上一条最为陡峭、险峻的著名古隘道，翻越了天山主脊上海拔3 600米的木扎尔特达坂，联通天山之南北，是北疆伊犁通往南疆阿克苏地区的最佳捷径。夏特是蒙古语"沙图"的转音，意为"阶梯"、"台阶"、"梯道"，也有称之为"夏塔"的，源于清代在木扎尔特冰川上生活的70户人家专门在此凿了冰梯，因此，夏特被称为"有台阶的地方"。随着新疆南北疆公路的打通，这条古道早已经无人问津。如今，人们从北疆的昭苏县到南疆的温宿县要走近2 000千米漫长的交通线。

　　夏特是天山北坡一个富有传奇色彩的胜地。从崇山峻岭中一泻而出的夏塔河冲刷出平坦的草原，汇入宽阔的特克斯河中。辽阔的平原上芳草萋萋，阡陌交通，田园错落；一条平坦的砂石从山前的草原上穿过，延伸到不远处的中国与哈萨克斯坦的边境线上。

太白古道，追寻历史的足迹

⊙拾遗钩沉

太白山是我国境内横贯东西走向的秦岭山脉的主峰。太白山古道风景区地处秦岭山脉主峰太白山北麓，其入山口位于太白县鹦鸽镇柴胡山村。在《汉书·地理志》中称为"太乙山"，相传由太乙真人在此山修成正果而得名太乙山。太白山是一座很古老的中华名山。据史载，夏商时称

风景秀丽的太白山

"物山"，周代称"太乙山"，至魏晋始称"太白山"。历代帝王、迁客骚人的足迹遍及太白山的山山岭岭，李白、杜甫、韩愈、苏轼等名人学士曾多次登临太白，留下很多不朽诗篇。

⊙史实链接

穿越秦岭的古栈道

秦岭横亘中国中部，是南北的地理分界线，也是气候的分水岭，它的最高峰——太白山海拔3 767米。穿越秦岭的古栈道，是一项修建万里长城之前的巨大土木工程，堪称中国古代的国家级"高速公路"。

自周朝起，陕西关中一跃

5

发展为中华夏新的文明中心，周、秦、两汉、隋、唐等十三个朝代相继建都于此，以此作为基地，将植根于中原和关中的强大先进文化以不可阻抑之势向西南传播。在日益频繁的交流中，其传播的必经之路也即是今日川、陕之间穿越秦岭的古栈道关中与西南的往来日渐频繁。在不同的历史时期，褒斜、故道、傥骆、子午、荔枝、文川、金牛、米仓、阴平等十余条古栈道都起着重要的作用。传说早在武王伐纣时，就有经古栈道来自南方的庸、蜀、羌、髦、微、陆、彭、濮等古国和古民族参战。至少到战国时，有文献明确记述："栈道千里，通于蜀汉。"

⊙古今评说

太白山以其高、寒、险、奇以及神秘等特点闻名于世，称雄于华夏。"太白积雪六月天"是著名的关中八景之一。唐诗人杜甫有"犹瞻太白雪，喜遇武功天"之比喻。；明代王昕在《三才图会》中，对太白山终年积雪的描绘是："山巅常有雪不消，盛夏视之犹烂然"。可以想象，太白山盛夏积雪之景色壮观，银光四射，百里可见的美景，非夸张于虚构，确实由来已久。历代以来，众多文人骚客写下的不少咏太白山的诗篇及现存的历史文物和遗址，还有与太白山有关的历史故事、神话传说，展现了太白山摄人心魄的魅力所在，证明了其深厚的历史文化内涵和人文精神。

近年来，由于太平洋副热带高压的影响，全球气候变暖，加上冬季降雪少，盛夏伏旱高温炎热天气的出现，因而导致"太白积雪六月天"的盛景现在越来越难看到了。

关中八景之太白积雪六月天

从太白山古道登山口进入，沿途每隔十里出现一座庙宇。在这条古道上，步移景换，植被分带鲜明，第四季冰川遗迹比比皆是，松林、石海、石河、冰斗湖等景观令人叹为观止。太白县有着丰富独特的旅游资源，跨长江、黄河两大流域，森林资源十分丰富，森林覆盖率达95%，气候温和凉爽湿润，是教学科研、休闲观光、避暑度假的理想之地。尤其在当今高楼林立，空气污染严重，城市快节奏的社会中，人们盼望回归大自然，走进大森林，去休闲、避暑、度假以消除疲劳恢复精神，森林生态旅游是人们最佳的旅游选择项目。近年来，太白县充分开发利用自身资源优势，立足当下实际，本着保护与开发并举的原则，大力发展生态休闲产业。青峰峡森林公园、忠诚生态园、交通兴业生态园和梅湾度假村已基本建成，"徒步登太白山古道"的建设项目已确定，用于开发建设以生态观光，避暑度假，民俗体验为主题的休闲度假区，让太白古道的文化精髓得以保护和传承。

剑门蜀道

⊙拾遗钩沉

　　剑门蜀道以剑门关为核心，北起陕西宁强，南至成都，全长达450千米，是首批国家级风景名胜区。古道始凿于春秋战国前，为古代中原与外界交流的主要通道，是金牛道上历史文化最厚重、自然风光最优美而又地势最险要的地段。诗仙李白《蜀道难》中所咏叹的蜀道，即是史称"一夫当关、万夫莫开"的剑门雄关。在这条古道上，矗立着中国历史上唯一的女皇帝武则天的寺庙皇泽寺，有着国内保存最完整的明代佛传壁画的觉苑寺，还有着被誉为中国历代交通博物馆的明月峡，以

剑门蜀道线路图

及被称为历代石刻艺术博物馆的千佛崖、相传为道教发源地之一的鹤鸣山、反映川陕苏区革命史实的广元红军文化园、反映盛唐石刻艺术的观音岩等等名胜古迹。由此可见，该古道集中了佛教文化、道教文化、三国文化、红军文化、女皇故里文化、古代交通文化、石刻艺术文化等川北多元特色文化精华。

⊙史实链接

　　古代川北有三条蜀道，分别为金牛道、阴平道和米仓道，其中最重要的金牛道，也就是所谓的剑门蜀道。三国蜀汉丞相诸葛亮在剑门山中段，依崖砌石为门，命名为剑门关，并在大小剑山之间架筑飞梁阁道，剑阁也因此得名。剑门关峭壁厚实如城墙，并且只有一条通道，所以造就了"一夫当关，万夫莫开"的态势，此地也演变成历代兵家必争之地，是古蜀道的咽喉。从凤州到剑州的55千米路段，原有桥阁90 000余间，都是在悬崖绝壁上架成，而今几乎已荡然无存了，只剩下前些年在古剑门关的遗址上重新修建的一座城关，作为它千年古道的一个崭新标志。

　　剑门关下，就是诗仙李白慨叹："危乎高哉，蜀道之难，难于上青天！"的剑门蜀道。这北起西安，南至成都的沧桑古道，处于剑门蜀道中心，位于四川广元。这里曾是中原通往西南的咽喉要道，乃历代兵家必争之地。所以凡有志于蜀中称王者，必得先攻下这块险地。占领了这个剑门关，也就等于掌控了四川。从三国孔明建关设尉起，剑门关就是一个十分险要的古战场。横亘在蜀道上的剑门关，是一座座绵延百里的砾岩山峰，所谓"剑门无寸土"就是指剑门那寸草不长的特大砾岩，从正面看，这石壁就像铜墙铁壁围成的天然城郭，

重新修建的剑门关城关

把外界的一切隔绝开来；从侧面看，汹涌澎湃，仿佛巨浪铺盖而来；从背面看，像一群飞驰的骏马，让一切试图来犯者望而却步。

这雄险的关隘是大自然的鬼斧神工所造。古代的四川盆地是一个内海，在白垩纪地壳运动中海水下跌，海底石露出，形成了坚硬的砾岩山体，这座山体耸立着72峰，峰尖如剑，大小各异的剑山之间对峙排开，其形像一道门，故称剑门。剑门蜀道就从门中蜿蜒穿过。

三国时期，孔明北伐中原时路经此地，通过观察地形，认为易守难攻，所以便在此处建关，剑门关由此而来。剑门关上的72峰见证了千百年来的血雨腥风，历史上没有任何兵家能从正面攻下剑门关。今在剑门关，还可见峡谷关口上有飞梁阁道，这是为送军需而修；而三国关楼则气势雄伟，上有三层箭楼，飞檐翘角上悬挂着金铎，银铛声响，昼夜不息。古关楼重建于1989年。1935年，红军在李先念指挥下，调兵强渡嘉陵江，迂回后关门，攻克剑门关。在数不清的战役中，三国姜维镇守剑门关的故事流传千古。当时蜀汉大将军姜维仅以3万人马将魏国邓艾10万大军拒于关外。由于《三国演义》也在日本等东南亚国家深入人心，一段段神奇的历史故事诞生在这里，"剑门关"便成为人们千里迢迢而来，缅怀历史的胜地。

梓潼县七曲山景观

⊙古今评说

剑门蜀道的山峰上有过"三百余里官道，数千万株古柏"的壮观景象，现存古柏8 000余株，主要分布在剑门关到剑阁县城一段，有的穿插在川陕公路两侧，枝繁叶茂，浓荫蔽日，远远望去，蔚然如云，故而得名。历经千年的雨雪风霜，古道更显雄浑苍凉，夕阳西下，令人不禁产生缅怀创造奇迹的古代英雄的感慨。

梓潼县以"东倚梓林，西枕潼水"而得名。它是古蜀道南端的一颗耀眼的明珠。全县景点众多，以七曲山为胜。七曲山大庙相传为晋人张亚子的祀庙。历经千余年，今存楼阁寺殿集元、明、清三代建筑之精华。景区古柏当道，遮天蔽日，一派萧萧然之意。七曲山大庙的"应梦仙台"，相传是唐明皇得梦之所。此外，卧龙山千佛岩、汉阙上亭驿剑泉、司马长卿石室等处均为难得一见的古迹。

徽杭古道，饱含风霜的经商之路

⊙拾遗钩沉

"前世不修，生在徽州；十三四岁，往外一丢。"黄山市古称徽州，她北靠黄山，南依天目，土地资源的极度匮乏注定了徽州人要不断地向外部世界寻求发展。早在东晋时代，徽州人就已远赴异乡，奋迹商场了，故自古有"无徽不成市、无绩不成街"的说法。徽商多是小本起家，特别能吃苦耐劳，绝大部分徽商出行选择的是乘船或徒步，一代代的徽州人贩运盐、茶、山货，走出了一条条饱含风霜的经商之路，徽杭古道即其中之一。

徽杭古道西起安徽省绩溪县伏岭镇，东至浙江省临安市清凉峰镇，全长约25千米，是古时联系徽州与杭州的重要纽带。徽杭古道位于皖浙两省交界清凉峰国家自然保护区北侧，比绕道昱岭关近百余千米。自皖南绩溪县逍遥乡起，经逍遥岭、马头岭、雪堂岭而达浙西临安县马啸乡止，全长25千米，沿途怪石嶙峋，峰峦迭起，山势险峻，其中有逍遥溪水蜿蜒穿过其间。

⊙史实链接

清代大商人胡雪岩年少时也曾肩挑背扛着这条古道到浙江经商，度过艰难求生的时期。为了把货物送到杭州，他必须肩挑货物，翻过这座山头，卖掉货物后；接着就会有第二担、第三担……货物源源不断地运了出来。胡雪岩的生意越做越大，不仅徽州，甚至上海、京城也

徽杭古道

有了分号，慢慢地他就发展成了全国第一大商人。

徽杭古道在杭徽公路通车前，是徽州人尤其是绩溪人通往沪、杭的捷径，比绕道昱岭关近百余里。在徽杭古道上，每隔5里就设一个茶亭，用来供过往路人休息。过去与绩溪相毗邻的昌化人用自己纺织的棉织品沿古道到绩溪换回粮食与棉花，古道成为两地人的生命线。时至今日，古道还是当地老百姓的一条重要的交通捷径。

⊙古今评说

绩溪县境内的盘山石阶小道是徽杭古道保存最完整的一段，也是徽杭古道的精华所在。清凉峰位于皖浙交界处，它是浙江天目山的主峰，海拔1 787.2米，为华东地区仅次于黄山主峰。经国家批准，天目山1979年被列为自然保护区，其面积为15平方千米，境内层峦叠嶂，群峰百态，树林茂密，沟谷纵横，人迹罕至，生态完整，野生动植物资源丰富，它既有类似黄山峻峭奇丽的景色，又有山中"台地"和山顶"小平原"等独特地形。

古代徽州因"七山一水一分田"的自然条件，形成"生在徽州，万事不修"的局面。由于环境资源的缺乏，为了获得生存与发展，一代代

徽杭古道盘山石阶小道

徽州人不得不背井离乡，自谋出路，渐渐地发展成了徽州人的经商传统。到了明清，徽商更是极度繁荣。徽杭古道就是历代徽商踩出来的，这条通往杭州府的主要通道，原本已日渐被遗忘了，但而今却因徒步旅游的盛行而重新焕发活力。因为路线简单明了，沿途风景秀丽，道路平坦，徽杭古道成了户外运动爱好者的入门线路，很多人就是因为走了一遭徽杭古道而成为"驴子"。

　　"江南第一关"又名逍遥岩，因太平天国侍王李世贤与1861年率部于此，赞为天险而得名。它是前往清凉峰的主要通道，地处伏岭镇东部，海拔424米，是徽杭古道重要关隘。"江南第一关"山势陡峭，怪石嶙峋，其中以磨盘石、天冠石、将军石最奇。自岩脚至关口经1 400余级台阶。关口刻有"径通江浙"的魏体大字。

　　徽杭古道沿途随处可见从峡谷山涧中缓缓流出的溪水、一泻千里的瀑布。在这里，既可见到险峻威武的山体，又有柔软平坦的小草原，途中还有鲤鱼跳龙门，挡风岩等原始自然、古朴独特的景观；偶尔也可见如同世外桃源的山中

江南第一关

人家，阡陌交通，炊烟缭绕，男耕女织，山里的人们大都憨厚淳朴，生活恬静自然，勾画出一幅幅美妙和谐的图画。重走徽商路，感悟徽商情。

云台古道

⊙拾遗钩沉

云台古道修建于公元908年（宋代），是一条早已被遗弃的古代商道。在古代，它是山西通往大梁都城即如今河南的最近而且是唯一一条通道，主要是作为三晋和豫之间的货物交流之用。云台古道是一个规模浩大的古官道。可以想象，当时这条古道有多么繁华，在没有大型工具、机

云台古道

械设备的时侯要想挖开这样一条山缝，铺设这样一条道路要耗费多大的力量。不管是有权势的官员还是普通平民百姓，都在这条道路上留下了岁月的足迹。铺在脚下的石头和沿途的梯田，以及用石块砌成的护墙都在这条古道上留下了曾经的繁忙，走在这条古道上似乎可以听到马蹄声声。那里有风景如画的高山草甸，行走云台草甸，一望无际之间，感受一份广阔的豁达，还有年代久远的古驿站，沿途可以看到峻峭的太行山风光。

⊙史实链接

云台古道来历：太行之巅，云台深处，有一条千年古道。这条古道作为上达山西高平侯家庄，下抵河南辉县铁匠庄，因其经过清口坡，村民们又称之为清口古道，或者干脆叫它清口路。道光志记载，清口坡在铁匠庄北，由南清沟入，西上至巅，曰二棚栈，为西北入晋要隘。隘，就是具有军事意义的关口。事实上，这条路就是太行八陉中的白陉的主路。白陉之所以得名，就是因为它

起源于白鹿山。在铁匠庄西、百家岩东，有一座白色的山峰，峰上伫立着一巨石，形像白鹿，这就是著名的白鹿山。春秋战国时期，白陉是诸侯争霸互相攻伐争夺的对象；十六国时期，翟钊在白鹿山被后燕围困，全军覆没后，他曾从这条古道逃往上党。

清口古道在古代是一条军事要道，晋商发展起来后，便开始对它进行了重修，修建为一条可以人马行走的大道。如今，从一斗水到铁匠庄的清口，古道保存基本完好。这条用大大小小石块筑成的古道，路面有两米多宽，由平石和立石铺筑，每铺一尺多长平石，就放置一行立石。在陡峭一点的地方布置的立石就较密一些，据说这样的用意是为了便于马蹄用力，踏得平稳。而道路两边是用大小不一的石头砌的石墙，具有防护的功效，最大的石头重达数吨。这条古道长数百里，清口坡就在最险峻的一段，因为山高坡陡，古道盘旋而上，蜿蜒曲折，号称七十二盘。上清口坡后，从玉皇礁下继续向北，过急三枪、夹驴峰、松萝掌、一斗水，然后再向北五里即入山西陵川县境。

夹驴缝是道天堑，两边悬崖绝壁，中间只留下一道狭隘的石缝，宽度只容一头驴通过。晋商崛起后，为了确保载货骡队的顺畅无阻，他们便开始开凿扩宽两壁。过了夹驴缝，就到了大草原。大草原较为辽阔平坦，草长有一人多深。传说这里过去曾是茂密的丛林，因为此地较为平展，晋商骡队多到此砍伐树木做柴，觅食造饭，年复一年，树木的数量渐渐消减，所剩无几。

天堑夹驴缝

⊙古今评说

清口古道见证了血雨腥风的战争年代，也目睹了晋商的艰苦创业与兴盛衰落时期。如今的云台古道由于年久失修，其蕴含的价值也尚未得到充分的开发，整体而言，可以用满目疮痍来形容，但是世人还是不得不叹服其雄伟浩大的气势。云台古道路面平整，大概一丈多宽。路面的每一丈都有横断石来防止山石的滑坡，尤其是到了转弯处，处理得更是精细而工整。扇面的弧度呈放射状向外延伸，特别是躺在路边的防滑下山的边石，个个被石匠精心雕琢得棱角分明，决不亚于现在高速公路的路边石。路边堆砌的灰色石块相互紧密地挤在一起，错落有致，坚固地分布在古道上，护卫着这条荒凉的古道。云台古道在云台山风景区南侧，目前已成为河南驴友穿越首选的经典路线。站在高处向下看云台古道，可清晰地看出依山而建的路面，在每个路的转弯处都有着古人用山石围砌成高台，仿佛是古人的一只只大手把古

清口古道

栈道托在山中。旅客们的一种朝圣的心情登山，灵魂会很快得到完全的释放。

渐渐废弃的古代商道虽然早已湮没在苍凉的群山之中，但却难以掩饰曾经的繁华。它给人传递一种荒凉的感觉。它以往的浮华虽已沉寂，但每一寸土地依然记录着古时行进在这条路上的人们，或许还有厮杀的痕迹。另外，云台古道亮点有很多：官道弯弯曲曲攀上高山，虽然很多地方已经损坏，但是大条石护着青石板路面，依旧可以通行。小庙等曾经的古驿站尚存，山间已经无人家，但古道之风依旧。

京西古道

⊙拾遗钩沉

　　京西之山，统称西山。群山之中，遍藏乌金。元、明以来，京城百万户人家都是用石炭为柴。而且这里出产的石材和烧制的琉璃更是闻名京城。于是，这里出现了成群结队的驼马，日夜在此古道上来来回回地拉煤运货，久而久之便形成了京城到西部山区，再远到内蒙古、山西的商旅道路。

京西古道上的马蹄窝

　　京西古道以"西山大路"为主干线，连接着各条纵横南北的支线道路，其中的中道、南道、北道为其主要组成部分。古道道路多而且长，用作各种用途，互通有无。主要有商运道、军用道、香道。其中商用道的历史遗迹最多，经过了几百年历史浸染，它们虽显出来残败的颓相，风情古韵犹在。远古的烽烟、民族的交往、宗教的活动、筑城戍边，以及古道、西风、瘦马等数不清的神奇故事，散落或留存在古道两侧，它是那个时代经济、文化的具体象征，我们从中可以深刻感受到时代的变迁和历史的遗存。

⊙史实链接

　　京西古道曾是一条宽有6米多，用石头铺砌而成的关山大道。古道经北、中、南三路而进入西山腹地，会集于王平口，再向西延伸，可谓咽喉，王平口因此号称"过山总路"。

　　京西古道是一条有着悠久历史的商旅之道，千百年来，清脆的马蹄声在石道上响起，铛铛的驼铃声在山谷里久久不散，它是京畿通往山西、张家口，乃至塞外的重要驿道。漫延在京西崇山峻岭之间的古道，将一个又一个零散的古老村落顺势串联在一起。壮观的京西古道在王平口会集，王平古道是京西古道中最美丽、丰富的一个部分。王平古道两侧遗迹众多，其中最出名的就是马致远故居。漫步其中，让人能触摸到那历经千年的厚重古风

王平古道

遗韵。马致远是元代著名的大戏剧家、散曲家。他的名曲《天净沙·秋思》的"枯藤老树昏鸦，小桥流水人家，古道西风瘦马，夕阳西下，断肠人在天涯"脍炙人口，传唱千古。

⊙古今评说

　　京西古道见证了京西古代文明，她成为一种珍奇的文化，是京西古代文明的重要标志和历史见证。从黄帝时代开始，就有朝代在此建都。而西山大路的多条道路历经多次修整，成为具有一定规模的官道。其中的绝大多数工程是民间募资，由当地百姓进行施工的。亘远的古道在门头沟区依依蜿蜒盘旋，年复一年，与大自然相融合，构成了无与伦比的人文奇观。这条古道随着历史，经历了从商旅通行到朝拜神庙，从攻防战守到贸易往来，从古都兴建到民族文化交流的发展，这一切只有这些掩映在群山中的古道能够跨越时间与空间而连接在一起。京西古道并没有埋没在历史长河中，随着徒步旅行的兴起，京西古道在近几年来越来越受到旅客的欢迎，尤其是对于那些户外爱好者来说，京西古道更是当做徒步的入门级课程。不喜欢徒步旅行的朋友，也可以把京西古道当作是游玩的景点，有着百年历史的古道正向人们诉说这里曾经的繁荣与沧桑。

　　蜿蜒在苍茫的群山之间的幽幽古道像一条长长窄窄

见证了历史的京西古道

的历史小河，斑驳石阶上那深浅不一的蹄窝仿佛是断肠人洒下离别的泪滴。古城关在悠长历史里被剥蚀得只剩下一个空空门洞，透过那高大的城门口依稀看见往昔的风华，这是一条被沉淀历史和丰厚文化浸润的古道。在这里，依然可见到那高高耸立的碉楼，宋朝两代皇帝坐井观天的大寨；古树参天的关帝庙；小桥流水人家的马致远故居；甘甜清澈的山泉水；在苍翠青山中欢快鸣唱的虫鸟；还有许许多多只能感受而无法表达的一切。如今，柏油大道的出现，带走了京西古道曾经的车来人往。因为地处门头沟煤炭采空区，为了保证安全，20世纪70年代后期开始，山里的一些村子陆续搬迁。那些从前因古道的兴盛而发展起来的周边村落，也随着古道的荒废而逐渐消失。古道不再具有道路的功用，周围的一切也就被人们断然遗弃。

时光回转几百年，那时的北京城，一切都在一片安静祥和之中。城门一开，商旅出行，店家迎送，商队络绎穿梭。驼铃声十里相闻，骡马嘶鸣缕缕飘传。山回人声，水返驼影。这样一幅京西古道图卷，只能永远地埋藏在历史的记忆中。

旌德古道

⊙拾遗钩沉

　　旌德古道，在安徽省旌德县，是古时供传车、驿马通行的驿道，划分为旌泾、旌绩、旌宁、旌太4条古道。旌德县位于皖南山区，地处黄山北麓，是宣城市的五县之一，中国著名的灵芝之乡。这里山清水秀，人杰地灵，徽州文化在这里有深厚的积淀。旌德古道旧时均为石板路，宽1.5~2米。石板路的路面，大都横铺条石，少数则两侧铺卵石，中间直砌条石，以便独轮车行驶。经年累月留下的辙迹至今依稀可见。县际及县内古道19条，其中：有12条

旌德古道

石板路，宽1~2米；土路7条，宽约1米。跨河的石桥星罗棋布，道上伫立着遥遥相望的凉亭，供行人躲雨遮阳、驻足歇息。1967年全县凉亭、石卷洞尚有34座，后来有10余座被毁。这些亭、洞多建于山腰、峡谷、桥头，多以条石砌就，跨路而立，行人穿洞而过。有的亭、洞为过往的客人提供茶汤，以解渴消乏。

　　这些驿道和古道，一般选线合理，路线稳定。只有旌、泾古道三溪南湾石壁山一段，悬于山腰，险窄难行，又因其地处宣、徽交界，扼其咽喉，历来成为兵家必争之地。宋代方腊起义军曾在此与官兵激战。明嘉靖十三年（公元1534年），宁国府通判署旌德县事李默，命比丘僧化缘募捐，募集工匠开山凿石，沿着河水间筑路，于是便产生通衢这个地方。在通往宁国上坦的古道上，宋、元、明三代都在乌岭设置巡检司来督查、管制这一带。箬岭古道地跨旌德、太平、歙县、绩溪四县，从军事战略和交通发展的角度看，其地理位置极

21

其重要。相传东箬岭古道是在隋朝末年所开辟的。新中国成立后，大多数驿道、古道改建成公路、林业公路、机耕路，继续发挥其功用价值，仅少数道路废弃未用。

⊙ **史实链接**

现在人们所说的旌德古道，准确地说，旧时应该称为古驿道。古驿道就是从前的国道，专为传达命令、递送军情及官府文书、朝廷官员过往和运送物资而设。驿道与一般羊肠小道相比，路面会更加宽阔、平坦、笔直而坚实。相传，早在唐朝时期旌德就有驿道了，也许这是作为置县的一项基础建设吧。据考证，北宋著名政治家、文学家王安石提升江东提刑时，便是从江西入徽州，途经旌绩和旌泾驿道到宣州的。

石板铺路的旌德驿道

古时驿道两旁设置很多个邮传驿站，主要负责驿事，也作为邮递人员歇脚、接力及往来官员休息的场所。到了明清时期，一般每隔十里设一铺，县所在地设置总铺，并配置一定数量的传车和马匹，有专门管理驿铺的驿使和驿卒。旌德驿铺始于宋代，到了清末民初，这种驿铺逐渐消失了。旌德驿道都是石板铺设的路面，路宽约1.5～2米，车轿和骡马可以相让无碍，往来顺畅。同时，为了便于独轮车的通过，路中央大都直铺石条，两侧用石块或卵石镶嵌其中，平整坚实，雨止路干。在容易产生积水或者路面低洼的地方都铺砌有横、直走向的排水沟，促使积水舒畅排出，保持常年干爽，畅行无阻。旌德古道以县城为中心，通往四邻的主要有旌泾（县）、旌绩（溪）、旌宁（国）、旌太（平），以及穿越县境的徽州府通往宁国府（宣州）的徽宁驿道五条。

⊙ **古今评说**

旌德古道是安徽省旌德县的旌泾、旌绩、旌宁、旌太四条县际驿道，旧时主要用作传车、驿马通行，都是石板铺砌的大路，新中国成立以后，大部分驿道、古道被改建成公路、林业公路、机耕路，随着社会的发展，交通道路的开

从夏特古道到京沪高铁

拓修建，大部分的旌德古驿道已经被人们所遗弃了，仅留下一些处在偏僻地方的较短路段。如今唯徽宁驿道旌德高甲至歙县许村段15千米保存完好，亭洞犹存，石道尚在，风景迷人，近年来为远近众多驴友垂爱。但也有少量古道被荒废，例如纠峰岭古道，原为旌德县西乡通太平县捷径，20世纪60年代有车难乘时，此道仍有行人；现已荒芜，只是用作樵牧往来。

梅关古道

⊙拾遗钩沉

梅关古道（又称梅岭古道）位于广东省南雄县梅岭，在江西、广东交界处。相传"梅岭"之名是根据南迁越人首领梅绢的姓氏得来的。在战国时期，中原战乱不堪，大批南迁越人迁往岭南，其中一支以梅绢为首的越人，翻山越岭来到大庾岭（梅岭）上，被眼前的岭南风光所吸引，决定在大庾岭一带安营扎寨。他们发扬了越人勇敢顽强、刻苦坚韧的民族传统，艰苦创业，使这一带迅速兴盛起来。后来又因为破秦有功而受项王封

梅关古道

为十万户侯，因此人们就把这一带称之为梅岭。梅岭自越人开发后，成了中原汉人南迁的落脚点，中原文化逐步在梅岭生根开花，并向岭南传播开去。梅岭得名的另一说法是这一带多长梅树，故称"梅岭"。

梅关古道被两峰夹峙，虎踞梅岭，如同一道城门将广东、江西隔开。南雄梅关地处南北交通要道，是历代兵家必争之地。史称南雄"居五岭之首，为江（西）、广（东）之冲"，"南北咽喉，京华屏障"。南雄的县名也与梅关有关，南雄乃南粤雄关，而雄关指的就是梅关。现存的关楼始于宋嘉佑年间修建，为砖石结构，古朴雄伟。明万历年间南雄知府蒋杰在关楼上的北面门额署着"南粤雄关"四字，在南面门额则写着"岭南第一关"。而在关楼的北侧，仁立着一块高2.4米、宽1.4米的石碑，石碑上刻"梅岭"两个刚劲有力的楷书大

字。这块碑为清康熙年间南雄知州张凤翔所立。

⊙史实链接

梅关古道设关最早可追溯到秦朝。秦始皇统一中国后，他的治理策略包括在北方修筑长城以防御匈奴的进攻，在南方则打通关道，积极开发岭南。公元前213年，秦在五岭开山道筑三关，分别是横浦关、阳山关、湟鸡谷关，从此打开了沟通南北的三条孔道。横浦关就筑在梅岭顶上，因此梅关在秦时也称横浦关，后来横浦关为战争所毁。从汉至唐，梅岭只有岭之称，不再叫作关。唐开元四年（公元716年），张九龄路过梅岭，见山路险峻难以通行，便向唐玄宗谏言开凿梅岭。当时因发展经济的需要，唐皇下诏宰相张九龄负责扩展梅岭古道。此项工程浩大，历经种种艰辛才得以建成。宋嘉佑年间修建关楼后，南雄历代州、县都有修葺关楼，所以使得梅岭关楼至今依然完好保留下来。 梅关古道从梅岭向南北两边蜿蜒而下，北接江西章水，南连广东浈水，就像是一条贯穿南北的纽带将长江和珠江连接起来。梅岭古道是全国保存得最完整的古驿道。古道大约有6尺宽，都是用鹅孵石整齐铺设的路面，繁茂的灌木丛长满在古道旁边，两侧是险恶的山崖和葱茏的树木，峰峦叠翠。岭下可

梅关古道上的来雁亭

见古人用来喂马的饮马槽，古道旁还修建了一座名为来雁亭的半山亭。过去沿途共有诗碑136块，记录了古代名人志士的名言诗句，只是历经风雨后，现存已不多了。

⊙古今评说

古道开通后，南北交通由此得到很大的改观，梅岭古道发展成贯穿南北交通的主要孔道。而当时的百里梅岭古道曾出现一片欣欣向荣之景观。据史料记载，梅岭古道"长亭短亭任驻足，十里五里供停骖，蚁旋鱼贯百货集，肩摩踵

接行人担"。

历代官府都十分重视梅关古道地理上的重要作用，不断对古道进行修建。工程较大的要算明正统十一年（公元1446年），南雄知府郑述用石砌古道，并在道旁补植松梅。随着粤汉铁路、雄余公路的开通，梅岭古道完成了南北主要交通孔道的历史使命。

梅岭的特殊地理位置决定了它自古以来就是群雄争霸的古战场，历史上许多英雄豪杰都在这里留有战迹。近代孙中山领导的北伐军两次经过梅关古道进入江西；毛泽东、朱德曾经率军攻占梅岭；彭德怀率领红五军团与白军在这里相持，后与红一方面军团汇合，组织了著名的水口战役，在梅岭一带打败白军20个团的围剿。红军主力长征之后，陈毅、项英从中央苏区突围，在这里建立了以梅岭为中心的游击根据地，坚持了三年游击战争，陈毅写下了《登大庾岭》《偷渡梅关》和《梅岭三章》等光辉诗篇。

梅关古道北伐军出师处纪念碑

盘山秀岭古道

⊙拾遗钩沉

　　盘山秀岭古道开辟始于宋朝，她是南宋王朝京都临安通往福建、广东一带的"国道"的一段，北起台州黄岩温岭地界，南至温州乐清雁荡山，长约260里，宽平均约7尺，是一条往来闽浙的官道、商道，也是一条探险科考的古道。她有着"东瓯王国"国道之称、温岭山脉之祖的盘山古道。古道用石块砌铺，至今路况基本如旧。千百年来，盘山古道也和丝绸古道、茶马古道一样，起着连接交通，互通有无的基本功用，她对沿道的各民族关系融合、文化交流、经济发展起着重要的作用，也见证了残酷的战争和灾难。如今，曾在历史上有过繁华印记的古道已经日益被人们所遗忘了，但从古道的基架中，仍可想象当年的辉煌。明代大旅行家徐霞客曾路过盘山秀岭古道，用石头铺筑而成的盘山古道蜿蜒在磅礴的群山中，在一代又一代人的踩踏下，逐渐演变成了当下所说的路。盘旋而上的古道，石阶顺山势倾斜，那石阶被过往行人的脚磨得光溜溜的，见证了历史变迁。

记载历史的盘山秀岭古道

⊙史实链接

　　登上盘山岭，可以发现这条古道并非想象中的迂回曲折，而是一条约三米宽的平缓大道。在旧时她是一条"快速驿道"，路廊就像现在的高速公路服务站。千百年来，商贾墨客、军队官吏，都是在这条古道南来北往的。如此宽敞、平缓的古道，现在很少了，现在多个路廊已被毁了，仅留有亭柱为证，一直到了温岭大溪镇的陈洋村境内。"登盘山岭，望雁荡诸峰，芙蓉插天，片片扑人眉宇。"这是明代大旅行家徐霞客过盘山古道后在卷首所题之诗。可见盘山古道历时悠久。盘山古道是古"东瓯王国"的国道，走的人少，加之森林茂密，下山的路有点滑。途中，可以看到一个"洪武尖"的旅游指示牌。"洪武尖"在古道的一条支路上，上面修建有当地人为纪念朱元璋而立的洪武庙。如今，山顶尚有古墙基，相传为朱元璋率兵固守古寨的遗迹。

⊙古今评说

　　古道的每一处都遗留着历史的印记，盘山秀岭古道也不例外。而今交通发达，阔便车路取代了艰难古道，但由于追忆古风，寻思历史，把古道作为游考对象的大有人在。沿途的群山风情浓郁，竹径盘旋清幽，田园风光秀丽。特别在秋冬的龙井山上，雪花朦胧，更是一道绝美风景，而宗教文化更是让这条古道充满了神秘感。

　　走在竹林古道上，感觉一切是那么安详淡然。这里没有熙熙攘攘的行人车马，也没有都市的嘈杂喧哗，一切是那么的宁静。

云雾飘绕的古道

尤其到了秋季，竹林没有春的润湿和勃发，也消失了夏的躁气，显得朗爽澄澈。在转弯之处，回望来时路，那种感觉十分奇妙。只见一条在漫山翠竹间弯弯曲曲的青石古道，翠竹笔直秀挺，古道弯曲柔美，这种直线和曲线在这里结合得如此生动和谐，让人不敢相信自己走过的路，原来是如此的美丽。曲折可以如此美丽，这份曲折之美就跟回望人生之路一样，虽然曲折，回望过去的经历依旧是那么美好。曲折就是为了回望时的美丽，这就是走这条古道的意趣。

楼兰古道，大漠戈壁的荒凉

⊙拾遗钩沉

楼兰古道在著名的丝绸之路上，因楼兰国而得名，是从敦煌西面的玉门关、阳关越三陇沙，沿孔雀河岸与西域中道、南道相连的一条难行的交通路线。丝绸之路上最难走的道路非楼兰古道莫属。千年的烽燧，古怪的雅丹地貌，漫天的绝域风沙，时隐时现的罗布泊，在大漠戈壁中静静地安躺，等待着商旅的经过。

楼兰是西域中的一个著名的"城廓之国"，被称为"沙漠中的庞贝"，古代丝绸之路的南北两道便是从这里分道，也是丝绸之路重要的枢纽之一。出敦煌过了玉门关、阳关，就走进了茫茫大漠戈壁的楼兰古道。当横贯欧亚的丝绸之路开始进行对外贸易时，匈奴人封锁了天山那边更容易通行的路线。于是人们为了安全起见只好另辟道路，选择了一条更靠南的道路，这就是楼兰古道的由来。

楼兰古道一路都是沙漠戈壁，不易通行，在行走途中经常出现食物、水源紧缺的现象。为了易于通行，解决使团商队在楼兰古道所遇到的困难，楼兰国设立了许多补给站，由楼兰人民控制。楼兰人为各国使团商队解决粮食和清水供应，而且还要为他们派出向导，提供牛、马、骆驼等运输工具。楼兰是丝绸之路上的一个重镇，正是由于楼兰的存在，才保证了这条艰难的交通线路的畅通。在张骞出使西域之后，楼兰古道这条曾经人迹罕至的交通线路上开始出现了"使者相望于道"的繁华景象。据史书记载，当时的楼兰国都楼兰城每年接待的往来使团商队高达两千多人。

⊙史实链接

据《史记》记载，早在2世纪以前，楼兰就是著名的"城廓之国"。西汉

29

时期，中原通往西域最便于通行的是伊吾（哈密）通道，但由于匈奴一直游弋于天山地区，人们无法经过伊吾（哈密）、车师（吐鲁番）前往天山南北麓地区。汉武帝刘彻为防止西边匈奴的屡次骚扰，决心打通中原通往西域的交通动脉，于是屡次遣兵出征，使匈奴遭受重创。但匈奴始终牢牢控制住天山的道路。无奈之下，汉武帝只好选择处于匈奴势力边缘、距离敦煌最近、又能沟通西域南北两道的楼兰地区。

于是楼兰古道应运而生，成为西汉通西域的唯一交通干线。《魏略》记载："从玉门关西出，发都护井，回三陇沙，经居卢仓，从沙西井转西北，过龙堆，到故楼兰，转西诣龟兹，至葱岭，为中道。"

为了开辟和保护这条来之不易的丝绸之路，汉朝从敦煌西至盐泽修筑了众多障塞亭燧，并在重要地点建立了屯田据点。楼兰古道曾经把中原的丝绸运到罗马，把罗马的典籍传到中原。相传罗马大帝凯撒穿了一件中国丝绸袍到剧院看戏，引起全场人的轰动和羡慕，也促进了中外的交易往来。

被湮没在黄沙之下的楼兰古道

公元4世纪末，繁荣一时的楼兰古道由于罗布泊水量的变化而被阻断，被湮没了在漫漫的黄沙之下，了无痕迹，随后车师古道的通行替代了楼兰古道的作用。

⊙古今评说

楼兰国的繁荣离不开楼兰古道的产生，而楼兰古道的畅通离不开楼兰的补给，两者相辅相成。楼兰古道留下不少文化的传播，中原的丝绸更是经过这里传向西方，在西方大放异彩。西方商人经楼兰古道来到中原购买丝绸和其他的商品，一时间"开城丝绸涌，闭市绢锦惊"，繁华的丝绸生意使得中外交易更加盛况空前。

不知从什么年代起，楼兰古国悄悄退出了历史舞台，被漫漫黄沙掩盖了起来。而史籍竟然对楼兰古国的消失毫无记载，楼兰古国的消失就像一个谜一样，始终无人知晓，楼兰古道也随之消失在人们的视线之外。直到1900年，楼兰遗址被瑞典著名探险家发现，楼兰古国才再次出现在世人的面前。楼兰古国已经坍塌，只剩下断壁残垣孤零零站立着，城内遗迹了无生机，在大漠黄沙中显得格外凄凉悲壮。

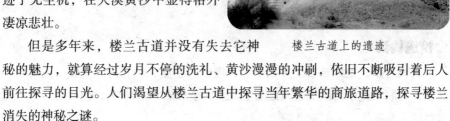

楼兰古道上的遗迹

　　但是多年来，楼兰古道并没有失去它神秘的魅力，就算经过岁月不停的洗礼、黄沙漫漫的冲刷，依旧不断吸引着后人前往探寻的目光。人们渴望从楼兰古道中探寻当年繁华的商旅道路，探寻楼兰消失的神秘之谜。

丝绸之路，横贯中外的商路

⊙拾遗钩沉

丝绸之路，是以长安（今西安）、洛阳为起点，经甘肃、新疆，到中亚、西亚，并联结地中海欧亚各国的陆上通道，全长逾7 000千米，也是横贯欧亚大陆的贸易交通线。人们常常简称丝路。

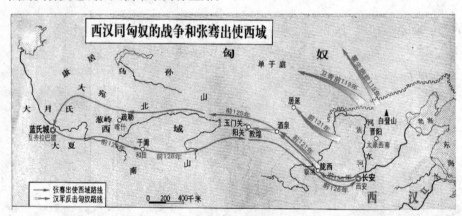

丝绸之路路线图

广义的丝绸之路指从上古开始陆续形成的，遍及欧亚大陆，沟通中西方的商路。因其上下跨越历史2 000多年，涉及陆路与海路，因此有"海上丝路"和"陆上丝路"。陆上丝路基本走向定于两汉时期，包括南道、中道、北道三条路线。

丝绸之路的由来是对外贸易，输出的商品以丝绸最具代表性，因此人们称之为丝绸之路。丝绸与瓷器一样，是当时我国经济繁荣的一个文明象征。中国是世界上最早生产丝绸的国家，外国人把中国称之为"丝绸之国"。据考证，中国丝绸的生产已有3 000多年的历史。传说远在黄帝时期，嫘祖就养蚕，取蚕丝织成做衣服的锦帛。发展到商代时，蚕丝生产已经普遍开展起来。丝绸不仅

32

是对外贸易重要的消费品，也是我国先进的生产文化水平的代表。我国的使节出使其他国家时，为了表示两国的友好，往往对其赠送华美的丝绸，而对方则回赠当地的特产和其他罕见的宝贝。随着对外贸易地域的不断扩大，丝绸之路促进了欧、亚、非各国和中国的友好往来。

⊙史实链接

公元前138年，西汉时期的汉武帝刘彻为联合西域诸国打击匈奴，派遣使者张骞前往大月氏，在西进途中张骞虽然遇到了无数的困难，但先后到达了大宛国、大月氏、大夏等西域国家，完成了出使的使命。之后，张骞再次出使西域，到达更远的国家。因此，很多人认为，张骞两次出使西域不仅

汉代壁画张骞出使西域

开辟出一条通商的古道，更开辟了中外交流新的纪元，揭开了东西方之间的面纱。为了更好地促进与西域各国的联系，汉武帝鼓励大批商人经丝绸之路到西域各国经商，用中国瓷器、茶叶、草药等商品换回了西域各国的皮毛、玉器、珠宝、香料等，促进了中外贸易和文化交流。

公元73年，东汉派班超带领使团出使西域，不仅保障了丝路的畅通，还进一步拓展了丝路的线路。其中，他的副使甘英冲破重重障碍，更是史无前例地到达了大秦（古罗马）和波斯湾（阿拉伯湾），在那里留下中国人的足迹。中国人通过丝绸之路西行，外国人也通过丝绸之路进行贸易和交流。在公元67年，印度的佛门高僧迦叶摩腾、竺法兰就沿着这条古道到达中原，译著佛经，收取佛门弟子，促进宗教文明的发展。

由此可见，丝绸之路是一条连接中外的"国道"来自各国的使者和商旅沿着张骞开辟的道路进行贸易和交流，在这条古道上留下了文明的足迹。丝绸之路不仅仅是一条意义重大的国际贸易通道，也是沟通古代中西方政治、经济、文化和思想的一条大动脉。各民族的经济、文化、语言在这里发生碰撞，进出相互融合、相互促进的火花。通过丝绸之路，连接各国的文化，促进了东西方

33

文明的交流。

⊙古今评说

丝路的开辟不仅促进了当时东西方文明在经济、文化、宗教等层面的碰撞和交流，也是中国古代西域少数民族接受先进文化、了解外部世界的通道，极大地丰富了我国人民的物质、文化生活，促进了社会经济的发展。

21世纪，我国政府作出了加快西部大开发的重大战略决策。在开发西部的热潮中，古丝绸之路在传播华夏文明中将焕发新的生机。站在历史的角度上看今天的西部开发，远在两千年以前的丝绸之路对于今天的西部开发具有十分重要的借鉴意义。

丝绸之路是沟通古代中西方政治、经济、文化和思想的一条大动脉，也是原始的国际旅游"源生带"。中国段丝绸之路长达4 000千米，沿途有兵马俑、法门寺、敦煌莫高窟等历史文化古迹以及青海湖、罗布泊雅丹地貌、天山天池等壮丽多样的自然景观，吸引着来自全世界的大批游客，整体展示古丝路旅游的魅力。丝绸之路途径我国的河南、陕西、宁夏、甘肃、青海和新疆等多个省区，由于受到我国行政区域划分的限制，所以丝绸之路的旅游资源长期处于割裂的状态，无法得到合理的开发。而目前五个西北省区为了共同打造陆上古丝绸之路旅游线路，决心打破行政区域划分的限制，通力合作对古丝路旅游进行整合开发，向中外游客推广古丝绸之路的旅游品牌，弘扬丝绸之路的历史意义。

唐蕃古道，打通汉藏的大道

⊙拾遗钩沉

　　唐蕃古道起于唐朝国都长安（今陕西西安），途经陕西、甘肃、青海和西藏四个省区，最终到达吐蕃都城逻些（今西藏拉萨），全长3 000多千米。唐蕃古道有丝绸南路之称，她横过我国的西部地区，是跨越世界屋脊，联通西南的道路。在藏语里，"唐蕃古道"被译作为"迎佛路"，也就是今天的214国道，是中国古代历史上一条非常著名的交通大道，促进了当时经济、文化、宗教的发展和融合。

　　唐蕃古道，顾名思义，是连结唐朝都城长安和吐蕃都城逻些的道路。唐蕃古道一半以上路段在青海境内，也是前往青海、西藏等地区乃至连结尼泊尔、印度等国家的必经之路。唐蕃古道也叫馒头岭古驿道，它的形成和畅通至今已有1300多年的历史。历史上著名的文成公主和亲进藏走的就是这条古道，而"唐蕃古道"的由来也与文成公主进藏有关。相传为了迎娶文成公主，让文成公主顺利进藏，吐蕃首领松赞干布不惜动用军队重修了馒头岭的古驿道，并且亲自率领军队前往柏海迎接远道而来的文成公主。为了纪念松赞干布与文成公主，人们把馒头岭驿道称为唐蕃古道。

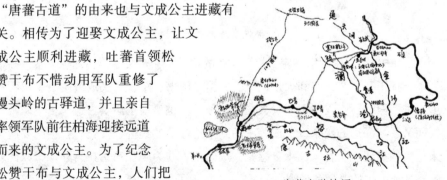

唐蕃古道地图

　　千百年来，唐蕃古道一直作为内地通往西南边陲的康庄大道，不仅促进了两地之间的经济贸易，也连结着汉藏两族人民的友好感情。

⊙史实链接

　　唐蕃古道的历史可以追溯到汉朝。早在汉朝时，已经基本形成了一条从中原通往青海、西藏的道路，也就是馒头岭古驿道，但是受当时种种条件的限制，来往的商旅并不多。在公元七世纪初，李世民父子创立繁荣昌盛的唐朝，经济达到了鼎盛时期。与此同时，吐蕃在松赞干布的率领下迅速崛起，统一了西藏地区的许多部落，从而与唐王朝中原接壤。松赞干布对唐朝的强大兴盛和汉族的灿烂文化仰慕已久。为了加强与唐朝的联系，松赞干布派遣使臣前往唐朝的国都长安，向唐太宗请求联姻以示友好。

吐蕃使者拜见唐王壁画

　　公元641年，唐太宗答应了松赞干布的请求，派遣文成公主远嫁吐蕃，并带去了大批工匠、艺人，和大量绸缎、典籍、医书、粮食。文成公主沿着唐蕃古道走进了西藏，不仅播下了汉藏友好的种子，也谱写了唐蕃古道历史上非常重要而又影响深远的篇章。文成公主的到来给吐蕃的经济、文化、社会的发展带来巨大的变化。吐蕃人民十分感激文成公主，并为她在布达拉宫立像，以此表达对文成公主的尊敬和爱戴。公元709年，为了再次加强与吐蕃的联系，唐朝又将金城公主嫁往吐蕃，从而成为唐蕃古道上的又一桩盛事。

　　此后200多年间，唐朝与吐蕃少有战事，双方使臣不断，贸易频繁，繁荣空前。而这也促进了唐蕃古道的迅速崛起，使之从一条默默无闻的古栈道成为一条驿站相连、商贾云集的黄金交通大道。双方使臣和商人往来不断，在长安与拉萨之间，踏出了一条3 000多千米的"黄金路"——唐蕃古道。

⊙古今评说

后人对唐蕃古道的评说，认为它是沟通西安与拉萨的重要桥梁，也是我国古代历史上一条闻名中外的交通要道，但唐蕃古道的重大意义不仅仅局限于此。唐蕃古道见证着汉藏两地经济、文化的交流与融合，起着维系唐蕃友情、加深交流的纽带的作用。当年这里驿站连绵，驿马倥偬，往来不绝。在这里，唐朝与吐蕃的使臣、商贾、僧侣出入，走的人多了，也就走成了更广阔的路。经过不断的发展，唐蕃古道与泥婆罗道相连，进而加强贯通了中国与印度等南亚诸国的联系，扩大了对外贸易的地域。

唐蕃古道并非一路平坦，通行无阻，它的西段山高路险，气候严酷，至今仍然是人烟稀少的牧业地带。时至今日，在现代条件下，许多旅行者以车马代步，走起来也还是一件艰辛的事情。由此不难想见，当年文成公主进藏时候长途跋涉的艰难困苦。

风景秀丽的唐蕃古道

如今的唐蕃古道早已经不复当年的繁华昌盛，但在古道沿途经过的那些地方，古代人们所修建的驿站、城池、村舍和古寺仍然矗立着，历史的痕迹还在，唐蕃古道还在向人们传颂着汉藏两族人民的友好情谊。

张库大道，草原商道的辉煌

⊙拾遗钩沉

张库大道是一条自张家口，穿越蒙古草原，直达原中俄边境恰克图的国际商道，是与"丝绸之路"和"茶马古道"相齐名的三大古道之一。大道全长1 400多千米，是我国历史上一条重要的对外通商贸易道路。张库大道自明末清初兴起，在清末民初时达到鼎盛的巅峰，被称为"北域丝绸之路"。

张库大道是从张家口出发，通往蒙古草原腹地城市库伦的贸易运输线，曾经被比喻为"用白银铺就的草原商道"。张家口是张库大道的始发之地，是著名的内陆商埠，张库大道选择它作为开端，奠定了张库大道在历史中留下的重要的战略地位。张家口作为我国重要的交通枢纽，它东望京、津，南通中原，北接蒙古草原，西连晋、甘、陕，是著名的贸易集散地。张库大道的辐射范围

张库大道

十分广泛，不仅覆盖了蒙古的12个盟和150多个旗，还影响到俄国南部边境，甚至到莫斯科。

张库大道在经过了数百年的兴盛之后，由于历史的多方面原因，在20世纪初叶开始走向了衰落，于是这条草原商道在岁月的流淌中，慢慢淡出了人们的视野，以至于现在人们皆知晋商的富有，却不知晋商的辉煌是在这条"张库大道"上创造出来的。

⊙史实链接

张库大道历史悠久，始于明，盛于清，衰于民国，是以张家口为物流集散地的草原商道。因为贸易以丝绸和茶叶出名，因此被誉为"草原丝绸之路"和"草原茶叶之路"。

清政府为了鼓励和加强对外的贸易，对蒙、俄贸易进行全面开放，并在清顺治元年（1644年）修筑了大境门，规范民间商人的对外贸易，这也为张库大道的商业运输线提供了有力的支持。张库大道的兴盛正是由这里开始，一步一步到达巅峰。随后在贸易集散地的张家口出现了越来越多"跑草地"的商人。当时交通落后，运输货物常常是以骆驼和牛车为主。于是在一望无垠的张库大道的草原上，数以万计的骆驼和牛羊被商人驱使着，昼夜不停地行走。这些人商人中最出名的是晋商。

在张库大道经营的商人来自不同的商帮，为了统一管理，统称为旅蒙商。旅蒙商人数众多，从清初80家，到了道光年间扩大为260家，而在民国初年更是达到了顶峰，仅大境门外的店铺就达到1 500多家，对外贸易发展之快令人惊叹。旅蒙商的交易方式很简单，因为地处交通便利的商道，因此旅蒙商把内地采购的绸缎、米面、茶叶、瓷器等日常生活用品，与草原上的牧民交换马、牛、羊等，与俄国人交换毛毯、天鹅绒、银器等，从而赚取利益。

张库大道不断壮大，从最初的以物易物到以钱换物。张库大道的贸易的交流还得益于交通工具的不断完善和发展，加快了张家口与北京之间的商品流通速度。清末，由中国人设计和修建的北京至张家口第一条铁路竣工。铁路的竣工为旅蒙商货品的运输提高了效率，而在1918年，张库公路通车之后，骆驼队、老倌车队的身影

古代来往于张库大道上的驼队

更是在张库大道上消失，而利用汽车对运送货物的旅蒙商来说是如虎添翼。

39

⊙古今评说

历史的车轮载着旅蒙商的喜悦和企盼匆匆碾过，从张库大道开始驶向了贸

张库大道起点

易的辉煌。而张库大道贸易的兴盛，不仅促进了当地经济的繁荣，也促进了库伦这座草原腹地城市的形成。据说在张库大道达到全盛时，曾经最高的贸易额达到了1.5亿多两白银，折算成人民币达到60亿元，由此可见当时张库大道的繁荣。当时在张家口，只要你出了大境门，向西望去，便能在近5千米的狭长沟谷中看到商号鳞次栉比、人声鼎沸的热闹场面。如今这样的场面虽然不复存在了，但是我们依然能从记载中看到当年的繁盛。

自从1924年外蒙古独立，1929年国民政府与苏联断交，蒙古也关闭了中国的所有商号，张库大道被迫中断，繁荣近四个世纪的张库大道开始走向了衰落的下坡。

张库大道在国内外具有重要的政治、经济、文化影响以及历史地位，人们对于张库大道从崛起走向繁荣，再走向衰落的研究从来没有中断过。在新的时代背景下，张库大道将重新发挥它的商业贸易作用。

二、近现代公路

沪宁高速公路

⊙拾遗钩沉

  沪宁高速公路又称为宁沪高速公路，于1992年6月14日正式开工。该高速公路在1993年1月18日，主体工程建设开始实行，全线贯通是在1996年2月，同年9月15日建成并开始营运，11月28日正式通车。位于上海的真北路立交桥是沪宁高速公路的起点，这一起点相交于上海中环线公路，终点是位于南京的马群立交桥，相交于南京绕城公路，接入城连接线，因此可以直接南京中山门外。主线的总长度为274.5千米，以昆山花桥为界，分为26.28千米的上海段，248.21千米的江苏段。

  沪宁高速公路是一条全封闭、全立交、高等级且多功能的现代化高速公

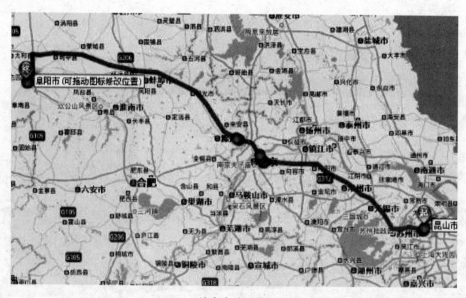

沪宁高速公路

路。其全线都是采用了交通部颁布的标准来完成建设的，主线高速公路为26米的路基，车道为双向4车道，每车道的宽度为3.75米，中央设置有3米宽的分隔带，外侧设置了2.5米宽的紧急停车带，设计时速是每小时120千米，通过能力是每天6万辆次。全路共建设有431座大小桥梁、294道通道、20座互通立交。

沪宁高速公路全线都是中国国家高速公路网G42国道的组成部分，无锡枢纽以东亦为中国国家高速公路网G2国道的组成部分。沪宁高速公路是连接中国上海市与江苏省省会南京市之间的一条重要的高速公路干线。沪宁高速公路沿线的上海、苏州、无锡、常州、镇江、南京等城市，都是位于地势平坦、人烟稠密，区域内交通往来频繁的中国经济最发达的上海及苏南地区。

⊙史实链接

1996年，沪宁高速公路建设完成并通车，这是第一条主要在江苏省的高速公路，江苏段主线的总长度为248.21千米，每小时120千米为其行车速度。江苏省苏南和上海地区的交通运输条件能得到显著的改善，可以归功为沪宁高速公路的建成。不仅如此，沪宁高速公路的建成，也使沿线的经济得到了迅猛的发展。

随着长三角经济的快速发展和城市群的加速形成，近年来，沪宁高速公路的交通量迅猛增长，拥堵情况日益严重，已经不能满足经济社会发展的需要了。为了使这一状况得到解决，江苏省政府从2003年5月决定对其进行扩建，并于2006年1月通车。自开工以来，沪宁高速的扩建工程在没有中断交通的情况下，仅仅用了两年左右的时间，就实现了全线贯通，如此快的速度第一次出现在中国高速公路的建设史。

2009年9月30日，根据《国家高速公路网命名和编号规则》以及经省政府批准发布的《江苏省高速公路网命名和编号规则》规定，由"起点"和"终点"组成高速公路的地名，即由起终点地名的首位汉字组合或起终点城市所在省份的简称作为路线简

沪宁高速与锡澄高速交叉

称，例如"宁洛高速"即为南京–洛阳高速公路的简称，"沪陕高速"即为上海–西安高速公路的简称，全国将统一这个命名原则。

2003年5月开始，江苏段投入了105亿元，启动沪宁高速双向八车道的扩建改造来缓解日益严重的交通拥挤状况，于2006年1月全线建成并通车。上海段在2008年也开始进行扩建改造工程，并于2009年全线竣工通车，至此沪宁全线均为双向八车道公路。

⊙古今评说

连接江苏省省会南京市与中国上海市之间的是沪宁高速公路，是一条不可或缺的高速公路干线。其全线以及无锡枢纽以东均为中国国家高速公路网G42国道的组成部分。它不仅对南京至上海区域内的陆路通道起着重要作用，而且从中国北部、中西部进入长江三角洲的流量均集聚于此。该路自开通以来交通流量以每年平均 15% 左右的速度增长，已成为中国大陆车流量最多的高速公路之一。

沪宁高速公路自2003年起，联合收费的方式开始运用，与车辆在省界处需停车两次（一次交钱、一次领卡）相比不同的是，在省界所属最后一个收费站交款的同时，邻省的收费卡即可领取，也就是说单向通行是两个收费站的特色所在。

除了代发通行卡在沪苏实施，还为对方对起始站、起始时间、车型、车况等信息进行记录。但据了解，各类车辆"判别"偶有出入且收费标准也有区别均由于两地高速公路的管理系统不一，这一问题还有待协调、统一。

长潭公路

⊙拾遗钩沉

　　长潭公路是湖南在1913年修建的中国第一条公路。据了解，全长50千米的长潭公路，总计全程基土石以及铺砂的用量分别为56.6万立方米、3.4825万立方米，并且在东岸码头一处，以及驳岸5处修成大小桥梁31座、涵洞86座，总计花费90万银元。

　　辛亥革命后，南北军阀进行了多年的争斗，竞相搜刮民财，导致农田水利失修，粮食产量欠缺，人民被迫处于水深火热中，然而此间唯独没有停滞工业以及交通事业的发展，同时对长潭电话线进行架通，并开工修筑长潭公路。

长潭公路

　　长潭公路使当时湖南的两个最大城市长沙、湘潭之间水陆陆路的交通都很便利。长潭公路在我国公路史上具有重要意义，它是中国第一条标准汽车公路，也标志着湖南现代公路运输的开端。长潭公路从昭山东麓的"九曲黄河"出发，开入岳塘区，在湘潭二大桥过境，再通过易家湾、团山铺、板塘铺、五里堆直到湘潭市河东的盐码头（即1916年修建的东岸码头），全程结束。北通汉口，南去衡阳的湘潭境内长14.5千米，路宽7.32～9.14米，是全国贯穿南北不可或缺的交通要道。

　　1986～1992年期间，湘潭市政府对建设中路、长潭路等6条城区主干道进行了投资和整修。此后，市政府又在1998年花费68天的时间对河东大道进行扩宽整修，使河东大道成为了湘潭市第一条"以土地开发筹集修建资金"的城市主干道。

　　2005年开始，按城市一级主干道标准湘潭在境内全面启动拓宽改造工程。

2006年，开始进行从板摄路口至板七路的板塘大道拓改建设项目。2008年，这条全长约2.85千米，路幅宽60米的板塘大道投入使用。2009年，从长沙至湘潭的芙蓉大道全线竣工并投入使用。

⊙**史实链接**

在20世纪初，湖南革命运动势不可挡。长沙和湘潭作为湖南的重镇，其战略地位在稳定和控制全省上起着重要的作用。而在当时靠湘江水路进行运输、靠骑马和走路进行人际交往是长沙、潭湘之间的联系方式。

湖南光复后，以军事运输为目的，都督谭延闿设立了军政局，并在1913年春，指挥长沙至湘潭的公路的修建，直到1921年11月全线建成并投入使用。虽然这条仅50千米的公路在未修建完成就已历经风雨，从开始到结束，经过三波四折，历时9年才修建完，但它却是中国第一条标准汽车公路，可以说是"中国按汽车通行标准修筑公路的先驱"，湖南现代公路运输也由此开始。

对长潭公路进行大规模、高标准整修主要是在解放后。1958年，把拓宽改造长潭公路作为当时经济建设的重点工程被省、市政府提上工作日程，以此来适应湘潭工业迅速发展的需要。正式扩建长潭公路的项目在1959年10月由湖南省人民委员会报请国务院批准。与此同时，当年11月开始对湘潭一大桥进行建设，并于1961年正式通车，从此改变了人们通过轮渡和筏子来过河的现状，与长潭公路之间的连接也变得更加通畅。河东大道的前身，即纱厂街至建设路口一段被设为新修段，原路由纱厂街折向五里堆沿河边至一大桥南端。

党的十一届三中全会打开了发展湖南经济建设的局面，对于长潭公路的重修呼声日高，湖南人民盼望着能够亲手创造美好蓝图来造福桑梓，从此，路网建设进入了"快车道"。1982年，国家开始规范并调整公路网，长潭公路成为107国道的一部分。国家增强对交通基础设施的建设，重新摊铺油路面，每日增加10 000～12 000辆的通行车辆。至20世纪80年代末，由于经济的

湘潭一大桥

46

快速发展，每日道路行驶的车辆增加到20 000辆。1990年以及1993年，湖南省公路局对全路进行加铺砼路面和油面，把两边各20米范围作拓宽备用来缓解超负荷运行压力，以改善交通现状，提高通行能力。

⊙古今评说

作为历届岳塘区委、区政府确定的重点发展区域之一的长潭公路沿线，发展思路从"三区、三线、三业"跨越到"突出发展三业、加快建设三区"，战略布局则为"三圈、三带、五区"，这都以长潭公路为基础来谋划的。长潭公路在岳塘的发展中占有重要地位，它见证了岳塘的飞速发展和巨大变化。

由于条件有限，长潭公路最初以砖渣、炉渣甚至煤灰为主来修建路面，之后泥结碎砾石成为主要的修建路面材料。当时非常先进的路面材料却是泥结砾石，桥梁多为砖木结构，但在1927年被改为砖石结构。因为这条路线的大部分是沿着原来长沙到湘潭的驿道延伸，所以是根据地势而修，坑洼弯绕也就成为整条路线的特点，如全路最险之段的五里堆路段，每年都得因为地势不平而进行抢修。

城市的血脉和骨骼就是道路。长潭公路的飞速发展，给这座城市带来了持续繁荣，工业化、城市化、现代化的进程也在不断加快。从建设路口出发前行，不断映入眼帘的是气势磅礴的高楼大厦，优雅安静的生活小区，栉次邻比的商业广场，繁华热闹的商品市场，一种现代化大都市的感觉油然而生。

川藏公路

从夏特古道到京沪高铁

⊙拾遗钩沉

原称为康藏公路的川藏公路，是中国西南地区的主要公路。川藏公路是318国道（上海—西藏樟木）的一部分，其最初起点位于雅安，后延长至四川成都，西藏拉萨为其终点。动工兴建是在1950年4月，于1953年12月25日全线建成并通行。

川藏公路从四川新都桥处分为南北两线，经甘孜、德格，到西藏昌都为北线，为国道317。经理塘、巴塘，到西藏芒康则为南线，为国道318。最后南线与北线汇合于邦达，再经波密、林芝到拉萨。

川藏公路

川藏公路途经雀儿山，海拔最高点为4 916米的北线全长为2 412千米；南线则总长2 149千米，经过海拔4 700米的理塘。昌都到邦达的公路（169千米）相连在南北两线之间。由川藏公路进藏多行南线，是由于南线路途短且海拔低。沿川藏公路进藏，进藏途中从东到西依次跨越二郎山、雀儿山、色季拉山等12座海拔在5 000米以上的高山峻岭，穿越大渡河、金沙江、怒江、澜沧江等波涛汹涌的江河，虽然路途充满危险与艰辛，雪山、原始森林、草原、冰川、峡谷和大江大河等壮丽景色却绵延不绝。

川藏公路，是中国筑路史上工程最艰巨的一条公路。川藏公路创造了内地通往西藏的现代交通的机会，为西藏的建设带来了便利。由于自然条件特别严峻，冰川泥石流和不稳定的山体滑塌、坍方等灾害也不时出现在沿线途中，对交通的通畅造成严重影响。四川成都是川藏公路的出发地，经雅安、康定后，南北两线在新都桥开始被划分：经甘孜、德格，进入西藏昌都、邦达的是北线；南线则经雅江、理塘、巴塘，进入西藏芒康，两线在邦达汇合，还要再经过八宿、波密、林芝到达拉萨。

⊙ 史实链接

1950年初，奉命进军西藏的解放军，肩负完成祖国大陆统一的重大历史使命。毛泽东主席授予进藏部队"一面进军，一面修路"的指示。带着高度的革命热情和坚强的战斗意志，11万人民解放军、工程技术人员和各族民工，用铁锤、钢钎、铁锹和镐头，翻越悬崖峭壁，征服涛涛山河建设川藏公路。

奉命进军西藏的解放军在修路

从成都出发的川藏北线全程共2 413千米，具体路线是先经雅安直接进甘孜，再经炉霍、甘孜、德格过岗嘎金沙江大桥进入西藏，最后经江达、昌都抵南北线交合点邦达后，经波密、八一到达拉萨。"小北线"是旅游探险者对它的称呼。从成都北上的另一条北线，在汶川与国道213分道，被认为是国道317的重要组成部分的路线就是从刷经寺经马尔康、昌都前往拉萨。在昌都与邦达的国道214连接着南线与北线。在那曲与青藏公路汇合北线可以沿317国道行驶，最后也到达拉萨。这也是青藏高路的重要组成部分之一。全长2 412千米是川藏北线成都至拉萨的路程，它被后来的旅游探险者称之为"大北线"。与南线相比，北线所经过的都是海拔更高，人口更稀疏的地区，且多为牧区（如那曲地区），但景色更加雄伟壮丽。

1958年川藏南线正式通车。南线从雅安起，向西翻越二郎山，入藏需要越过大渡河、雅砻江、金沙江、澜沧江、怒江上游，再经雅江、理塘、巴塘，过竹巴笼金沙江大桥才能到达，最后抵达拉萨。途中要经芒康、左贡、邦达、八宿、然乌、波密、林芝、墨竹工卡、达孜等城镇。与北线相比，南线所经过的地方，人口相对比较密集，高山峡谷贯穿全程，风景更加秀美，特别是被称为西藏江南的林芝地区甲秀一方。但南线的通麦一带极易发生泥石流和塌方，主要是因为山体较为疏松。川藏南线成都至拉萨途经有"世界高城"之称，最高海拔达4 700米的理塘。

⊙古今评说

川藏公路在修筑四年多时间里，人们克服各种困难，使它翻越整个横断山脉的二郎山、折多山、雀儿山、色齐拉等14座大山；并跨越岷江、大渡河、金沙江、怒江、拉萨河等许多江河；连龙门山、青尼洞、澜沧江、通麦等8条大断裂带也被横穿。其工程，在世界公路修筑史上面临着前所未有的艰险和困难。3 000多名干部、战士和工人在整个川藏、青藏公路的修筑过程中英勇牺牲，所创功绩永垂青史。

工程空前艰巨的川藏公路，北线开挖3 000万立方米土石，架设3 000多座各式各样的桥涵，以及大量护墙等。沿线地形复杂、地势艰险、高山深谷、峭壁悬崖的公路，穿越遮天蔽日的原始森林和草原沼泽地带。虽然大部分地震区通过全线，但震害遗留的岩堆、流沙、冰川、泥石流（见自然地质作用和工程地质作用）都被克服了，连罕见的象拉月大塌方（见岩土滑移）等地质不良地带也通车了。

沪嘉高速公路

⊙ 拾遗钩沉

1984年12月12日，沪嘉高速公路开始动工兴建，全线竣工并通车是1988年10月31日。全长15.9千米的沪嘉高速公路从上海市区祁连山路南起，北至嘉定南门。若加上两端入城连接线，全长总共有20.5千米。沪嘉高速公路的代号为"沪高速－S5"是中国国家高速公路的编号。

沪嘉高速公路

自2012年1月1日起，沪嘉高速公路停止收费。随着中国全国多条高速公路将到收费的最后期限，沪嘉高速作为我国大陆首建的高速公路，停止收费是在通车23年后，创造了全国高速公路取消收费的先例。

⊙ 史实链接

沪嘉高速公路于1984年12月21日开始建造，被称为中国大陆的第一条高速公路，它于1988年10月31日竣工并通车。它平均修筑1千米需要1 127万元，总计投资2.3亿元，

全长15.9千米的沪嘉高速公路的高速路段从上海市区祁连山路南起，北至嘉定南门。设计为全长20.5千米，宽45米，4车道的道路，设计时速为120千米。这是一条全立交、全封闭、设施齐备的高等级公路。

这是中国第一条全部路程可进行通车的高速公路。据了解，上海市政府在1984年11～12月决定了按高速公路标准建造新线的方案。并于1984年12月21

51

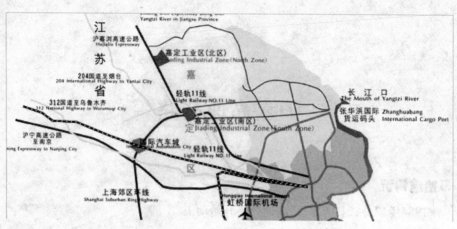

沪嘉高速公路路线图

日，正式进行施工。1985年6～7月，土路基施工全面展开，结构工程也开始施工。此外，上海市有关部门在1986年1月要求按一级公路标准来建造这个工程，并对施工速度进行放慢。1986年12月10日，经过实地视察后上海市有关领导仍决定按高速公路标准施工，共填土136.6万立方米，至年底基本完成土路基和结构工程的建造。

到1988年9月底，基本完成全线主要工程，同时也完成了有关科学实验项目（粉煤灰填筑路堤试验、软土地基处理、现代化监控设施的设置、沥青防滑层研究、土工布利用、桥梁橡胶板伸缩缝运用等）。

同年10月31日，举行通车典礼。至此，中国大陆第一条按高速公路标准建设的公路沪嘉高速公路开始投入使用。

⊙古今评说

中国大陆上第一条按高速公路标准施工的沪嘉高速公路是一条沿线设备齐全，具有试验性的高速公路。2011年12月，收费公路清理整改方案由上海市建交委日前提出，最终决定自2012年1月1日起沪嘉高速公路停止收费。

分担上海市区与嘉定间沪宜公路56%客流的沪嘉高速公路，使得沪宜公路的交通事故明显减少，也使得上海对外6个主要公路出入口中交通流量最大的西北出入口交通拥堵状况得到缓解，对上海市与外省的经济联系具有促进作用，同时，嘉定县投资环境得到改善，有利于工农业生产的发展，为嘉定县跃入全国富县行列起到积极作用。沪嘉高速公路运营后，1989年的交通量增长率为11%，1990年的交通量增长率为21%。到1990年底和1995年，全年已累计通车量分别为402.11万辆和396.8万辆，而征收的通行费则分别为1 053.97万元和3 214.69万元。

沈大高速公路

⊙拾遗钩沉

中国第一条动工开建的高速公路是沈大高速，中国内地的第一条八车道高速公路也是沈大高速。于1990年完工时，全部车道为四车道，全立交并且互通。拓宽改造开始于2002年，于2004年改造完成，车道由四车道改为八车道。这条公路的总长度为348千米，设计的时速为120千米。

沈大高速是中国第一条高等级高速公路。沈大高速公路与沪嘉高速公路相比，具有以下特点：第一，沈大高速公路比沪嘉高速公路的始建时间更早，沈大高速于1984年6月27日开建，沪嘉高速于1984年12月12日开建。沈大高速公路除了中间段108千米一级公路建成外，沈阳至鞍山、大连后盐至三十里堡南北两段也已经建成，这两段公路全长为131千米，是全立交、全封闭的，全部出入口

沈大高速

被控制收费的高速公路。第二，总长度比沪嘉高速长。沈大高速的总长度为349千米，而沪嘉高速的总长度为15.9千米。第三，沈大高速的建设等级比沪嘉高速高，沈大高速的建设难度为50米宽，全线采用双向8车道标准；该线在设计上采用了复线的设计，在公路的中途路段的225千米处，还可起降SU–27和SU–30军用飞机。第四，平均建设速度比沪嘉高速公路快，沈大高速的建设速度：239千米的建设于1988年10月已完工并通车；而沪嘉高速于1988年10月仅完成15.9千米的建设。

沈大高速公路完成与旅顺土羊高速链接是在2009年，借此链接，人们可以直接到旅顺的烟大轮渡登船去烟台。

⊙ 史实链接

沈大高速公路开工于1984年6月27日，修建一级公路在沈阳和大连的两头，而在中间段则保持二级公路，这是依据国家计委批复的。扩建中间段改为一级公路的设计任务书于1986年2月由国家计委批复，整条路线建设为一级公路的立项手续至此已经完备了。辽宁省计经委于1987年9月，批复了沈阳、大连两头建汽车专用公路的可研报告和计划任务书，这是在征得国家计委的同意后才批复下来的。沈大高速公路在1988年10月，除了中间段108千米的一级公路被建成外，沈阳至鞍山、大连后盐至三十里堡南北这两段也同时被建成，这两段全长为131千米，是全立交、全封闭，并且出入口被全部控制的收费高速公路。经过了6年的不断努力，沈大高速公路于1990年8月20日全线建成，并且开放试通车。沈大高速公路在2002年5月28日，改扩建工程正式开始实行。改扩建工程于2004年8月29日竣工，全路段被改为八车道，120千米／小时为其设计行车速度，拥有昼夜通行可以达到13万～15万辆次的能力。

辽宁省高速公路管理局对沈大高速公路进行管理，路政、养护、收费、通信和经营

建设中的沈大高速公路

工作为管理处主要的业务。沈大高速公路的总造价为22亿人民币。沈大高速公路连接着五个城市，分别是沈阳、辽阳、鞍山、营口、大连，是中国建设长距离的高速公路的一个开端。

⊙古今评说

沈大高速公路是第一条在中国内地通车的高速公路，也是第一条在中国内地的八车道高速公路，同时也是中国的第一条高等级高速公路。

沈大高速公路在改扩建工程完成后，成为了全国最高标准的高速公路，其标准完全可以和发达国家相媲美。其整个路面达到了73厘米厚，共铺了6层。稳定性好，抗磨能力大是这种路面的优势，其抗车震能力是其他高速公路的6倍，很好地防止了路面出现开裂变形的现象。

沈大高速公路全程348.5千米，是国内里程最长的高速公路。据称，改造前沈大高速公路的总长度为375千米，但经过改扩建后，将北起于沈阳市金宝台，南止于大连市后盐村，沈阳、大连两地的市内道路部分未封闭在内，所以总长度被缩短了。

沈大高速公路的改扩建造价在全国高速公路中是最低的，其投入和产出的比例是最好的。沈大高速公路除去前期建设期贷款，总投资为75亿（含服务区），平均每千米的投资为2 150万元左右。

沈大高速公路的韩家岭隧道是亚洲最大跨径的隧道。据称，韩家岭隧道的总长度为521米、宽度达23米。这项工程曾经是制约整个沈大高速公路建设的关键因素。辽宁采用了国际上最先进的"新奥法"对韩家岭隧道进行施工，即"短进尺、弱爆破、勤测量、早封闭"的方法，在施工现场采用了进口的全站仪和激光断面界限仪进行全方位的"动态控制"，使工程的质量和进度得到了有力的保证。

对高速公路进行改扩建，一直是高速公路建设中的难点，国内改扩建失败的

韩家岭隧道

例子也有很多，然而沈大高速公路的改扩建却是最成功的一次。沈大高速公路在进行改扩建的过程中，不仅采用了路基两侧均匀加宽的方法，而且还采用了国际上先进的技术，三大难题被成功地解决了，因此成为了高速公路中改扩建的示范工程，并且获得了国内国际的高度认可。沪宁、沪杭高速公路在其后的改造中，都参照了此模式。

京津塘高速公路

⊙拾遗钩沉

1987年12月，京津塘高速公路开始动工了。北京至天津杨村段于1990年9月建设完成并通车，杨村至宜兴埠段于1991年12月建设完成并开始通车，全线得到贯通是在1993年9月25日。该路为收费公路，北京段的限速是时速90千米，在北京以外的全线的限速是时速110千米。

北京—廊坊—天津—塘沽是京津塘高速公路主要路线，总长度为142.69千米，互相连接于北京三环、四环、五环和六环路、天津外环线与京沪、津蓟和唐津高速公路，以及103国道和104国道。京津塘高速公路（天津段）建设工程，被列为天津市的20项民心工程以及迎奥运重点工程。

京津塘高速公路

如果根据行政区域划分的话，其中北京段的长度为35千米，河北段的长度为6.84千米（只有一个通往廊坊的出口），天津段的长度为100.8千米。全线的出入口被全部控制，一共13个有出入口，并采用了立体交叉的方式进行建设，与铁路交叉为3处，与公路互通立交为10处，有23处为分离式立交，分别建有四座大桥、28座中桥、337座小桥，互相连接于两条国道和四条高速公路。

京津高速公路（天津段）工程的起点是塘沽区北塘镇，经过塘沽、东丽、北辰、宁河、武清等区县，止于武清区高村（京津界），其规模是目前天津市建设中最大的一条高等级公路。其中包括了主线一条和联络线三条，主线的总长度为101.8千米，联络线的长度约为49.426千米。京津高速公路（天津段）全线采用双向六车道至八车道高速公路标准，时速为120千米。

史实链接

在中国第七、第八个五年计划期间，京津塘高速公路建设项目是国务院批准的重点交通建设项目，并部分利用世界银行贷款，根据国际项目管理的模式组织建设的第一条跨省、市的高速公路。京津塘高速公路建设项目的可行性研究报告于1982年提出，并于1983年上报国家计委确立了此项目，经国务院批准并实施是在1984年1月7日，施工图设计于1985年完成，在1987年12月开始开工运营。

京津塘高速公路的建设设计，是经过了有关单位10余年的科研、勘测、设计的技术准备精心设计出来的，大规模现场勘察共先后进行了6次，大量科学实验和专题研究工作在这一期间被完成。12项关键技术和理论成果在这次项目实施的过程中完成了研究，其中包括了高速公路项目的管理技术、勘察设计技术、工程实施技术和工程监理技术等。

⊙古今评说

在中国国内，第一条利用世界银行贷款，根据国际的标准兴建的现代化交通工程是京津塘高速公路。京津塘高速公路的车道是双向四车道，全封闭以及全立交的高等级公路。首都直达天津港口的快速通道（汽车单程只需一个半小时）的打开，正是因为京津塘高速公路的全线竣工。它将北京机场、天津机场、天津港口构成"海陆空"完整的交通体系。

京津塘高速公路沿线的两侧，包括了北京市的经济技术开发区、河北省廊坊市的经济技术开发区、天津经济技术开发区、天津港保税区等11个新兴区，一条高新技术产业带的新格局初步形成。京津塘高速公路所带来的人流、物流、信息流以及资金流，使这一地区的经济发展和对外开放的步伐被大大地加快。

京津塘高速公路在天津城区的范围内，与天津的津滨高速公路呈现为两条平行线路，天津城区由于直通塘沽，所以惟军粮城的出口由京津塘高速公路挪到津滨高速公路上。

京津塘高速公路形成了中国北方的"黄金通道",对高新技术产业具有强大的吸附力。中外企业家曾这样预言,京津塘高速公路将会成为中国北方的"硅谷"带。

济青高速公路

⊙拾遗钩沉

　　1986年4月，济青高速公路建设项目开始进行勘察设计，开工建设于1990年7月，主线工程建成并通车于1993年年底。该项目经过国家批准，利用世界银行第三批公路贷款1.1亿美元。济青高速公路的总长度为318千米，西起于济南市东北郊的大桥路，东至青岛市北郊的西袁庄，山东半岛17个市、县（区）被横贯，济南、淄博、潍坊、青岛等重要的工业城市被连接，穿越国道5条、省道15条。

　　由于济青高速公路的建设完成，衔接起了铁路、水路、航空等几种运输方式，横贯山东省东西的综合运输大通道因此而形成，山东立体交通格局的形成速度被大大地加快了。沿海与内地省区的通道由它来打通，华东、华北、中原

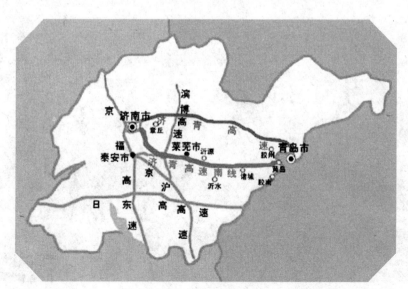

济青高速公路路线图

地区甚至黄河流域、西北内陆与国际大港——青岛港因此而被紧密地联系了起来。众多内陆省区也因此而拥有了流通比较顺畅的出海口，更多的社会经济效益被济青高速公路创造了出来。不仅如此，济青高速公路也为搞活地方经济、改善人民生活提供了更好的条件。

为对济青高速公路的交通压力进行缓解，2005年，济青高速公路南线工程开始建设，并于2007年12月22日通车。山东9个市（县、区）被济青高速南线所贯穿，22个收费站在全线设立，上下高速公路的驾乘人员可以就近选择。济青南线的总长度为307千米。

⊙史实链接

济青高速公路的建设是由交通部第一公路勘察设计院、交通部公路规划设计院、山东省交通规划设计院共同完成的。潍坊段测设是由交通部第一公路勘察设计院负责的，第五测设队于1986年4～9月完成了126千米路线的全部的初步设计，大桥设计由大桥队、桥梁室共同完成，部分互通立交设计由综合设计室来完成；第五、第六测设队、大桥队共同完成了施工图的设计。济青高速公路不仅获得了1996～1997年度交通部公路工程优秀设计一等奖，并且在1999年获得了全国第八届优秀工程设计金奖。

济青高速公路

山东省最繁忙的高速公路非济青高速公路莫属，其车流量已经严重的超出了负荷，公路路面已遭到了一定的破坏。2005年济青高速公路南线工程开始建设，是为了缓解济青高速公路的交通压力，这条公路于2007年12月22日开始通车。济青高速公路的投资是巨大的，设计上也有针对性：为抵御可能出现的超载对公路的破坏，该公路铺设沥青四层（普通为两层），厚达18厘米，在其下面还增设了沥青混凝土柔性路基，厚15厘米，整个路面比普通高速公路厚30厘米。

⊙古今评说

在中国高速公路15年15项最具影响力重大工程中，济青高速公路被评为候选项目之一。

济青高速公路是山东省第一个环境保护示范化高速公路工程，因为在其设计中，生态环保理念被贯穿在每一个环节。"多保护，少破坏，不留伤痕"成为了每一个建设者的共识。济青高速公路的道路两侧被建设成为绿色长廊。

济青高速公路的建设完成以及通车具有十分重要的意义，无论是在对山东半岛经济发展和商品流通的促进方面，还是胜利油田和黄河三角洲的建设和开发，以及对山东西部的开放和开发，都发挥了巨大作用。

成渝高速公路

⊙拾遗钩沉

  成渝高速公路于1990年9月正式开工，1995年9月建成通车。它的起点是成都五桂桥，终点是重庆陈家坪，全线总长度为340千米，是连接四川省与重庆直辖市的公路交通的一大动脉。成渝高速公路途经四川盆地的重要地带，连接三大工业城市，它们分别是成都、内江、重庆，沿途经过14个县（市）区，是全封闭以及全立交的设计，设有中央分隔带、车道为单向行驶的四车道，有五座双洞隧道、20座互通式立交桥、316座各类大中小桥的高速公路。该公路的路基宽度为21.5～25米，设计行车的时速为100千米，每昼夜4万车辆是其设计的交通流量。成渝高速公路作为国家的"八五"重点公路工程，同时也是利用了世界银行贷款，进行国际竞争性的招标和中外工程师联合起来监理的大型公路建设项目。

⊙史实链接

  1913年，当湖南开始修建中国的第一条行驶汽车的马路时，成渝马路就被

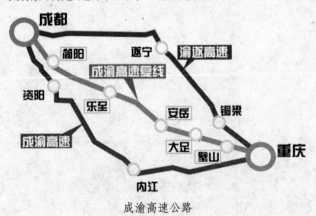

成渝高速公路

四川人提议要修建，但因为当时政局不稳定，战乱十分频繁，所以时修时停，耗费了9年的时间，直到1933年，440千米长的成渝马路才最终修成，后来改称成渝公路。成渝公路于1934年在其沿线开始设立 "转弯危险"、"慢车"、"下坡危险" 等彩色木牌开始设立，并在各场镇、码头竖立地名标牌，这些道路标志都是在四川公路上被首次设立的。成渝公路在1937年进行了整修，里程缩短了30千米，虽然对其进行了不断的维护和改造，但是仍然无法改变多弯陡坡，狭窄难行的状况。

抗战爆发后，国民政府迁都到了重庆，四川成为了战时大后方的主要基地，而作为当时唯一可以依赖的运输手段——公路交通，国民政府对其进行了战时的统治。交通部于1939年，为了对成渝公路的桥渡设施及重庆至青木关间的桐油路面工程进行改善，共拨款了290万元。1943年，为改善重庆至璧山段，又拨款300万元进行修缮。

抗战时期在成渝公路上行驶的军、公、商汽车，在抗战结束后相继迁出了四川，靠征收养路费来养护公路已经是不可能的了，因此养护公路的工作一蹶不振，不断地走向衰退。

解放前夕，国民党军队为了对解放军的追击进行阻止，曾破坏成渝公路，四川公路交通因此造成巨大的损坏，当时被焚毁或炸毁的分别有：在133千米处的球溪河大桥、284千米处的施济大桥、53千米处的太平镇大桥、69千米处的万安桥、资中以西的天马桥、成都东南的石经寺桥等。

1993年5月1日，成渝高速公路的成都至简阳路段开始通车。成简段的起点是成都市五桂桥头，终点是简阳石桥立交桥，总长度为59千米，是四川省内第一条全封闭且全立交的高速公路。

1995年建成的成渝高速公路逢山开路，遇河架桥，开掘山洞，建成全封闭、全立交、四车道的高速公路。

⊙古今评说

成渝高速公路于1995年7月1日贯通，连接成都与重庆西部两大都市，总长度340千米。它起于成都五桂桥，止于重庆陈家坪，为川渝地区的第一条高速公路。

由于成渝高速公路的建成通车，川渝地区没有高速公路的历史就此结束了。一级汽车专用公路是成简段的原设计，根据交通流量的变化，被改建为高速公路。成都已经成为了五条高速公路的起点，这是成都在20世纪的现代化建设中最了不起的成就之一。

成渝高速公路平面示意图

三、铁 路

淞沪铁路

⊙拾遗钩沉

淞沪铁路是中国最早建成的一条铁路，原为吴淞铁路。淞沪铁路地处长江、黄浦江合流入海的三角地区，沿线都是冲积平原，建路之初全长14.5千米，沿途设有9个站。淞沪铁路由英资怡和洋行投资兴建，归属于江苏省宝山县境，1958年划归上海市管辖。

鸦片战争前，清政府实行闭关锁国的外交政策，限制和禁止对外交通、贸易的政策。1840年后，火车、蒸汽机等先进的科技才得以

淞沪铁路

连国内各种书刊上传播，使得国人对西方技术有了初步认识。淞沪铁路前身为吴淞铁路，1876年7月从天后宫北（河南北路、塘沽路口）到江湾段正式通车营业时，引起了全国轰动，因为这是中国第一条铁路，人们对于火车更多的是感到好奇。之后，因火车碾死一名士兵，沿途居民阻止列车继续运行。后来清政府出钱从英商手中买下这条铁路，并于次年10月予以拆毁。

拆毁吴淞铁路之后，清政府迫于舆论的压力，允准并批示以官款"先修淞沪、后筑沪宁"。据此，吴淞上海间的淞沪铁路得以再建。 1897年，清政府的铁路督办盛宣怀重建该路，于第二年9月1日通车。淞沪铁路全长16.09千米，设有宝山路、天通庵路、江湾、三民路、高境庙、何家湾、蕴藻浜、吴淞、炮台湾9个车站，系中国政府用官款修建的江南第一条铁路。

⊙史实链接

淞沪铁路前身为吴淞铁路，是清政府在拆毁的英商吴淞铁路的基础上重新建造的。清政府之所以要拆毁吴淞铁路，是因为当年吴淞铁路的修建并没有得到清政府的批准。1872年夏，外国商人决定着手修筑城区至吴淞的铁路，并来个"先斩后奏"。

中国的第一条铁路淞沪铁路

清政府在甲午战争中败于日本，宣布施行"力行实政"政策，表明要改变过去在建设铁路问题上的拖延态度。两江总督张之洞认为，修筑吴淞铁路"有益商务、筹款、海防三端"。于是下令让铁路督办盛宣怀重建该路，这就是淞沪铁路。1876年，当中国的第一条铁路淞沪铁路通车时，上海市民争相乘坐火车。

淞沪铁路是在吴淞铁路的基础上建造的，造价逾92.5万两白银，线路基本循原吴淞铁路走向，并利用部分旧路基。淞沪铁路南段形成穿越大片闹市区的一条铁路，有宝山路、虹江路等多条道路平交穿越淞沪铁路。在运营初期，每天开行旅客列车8对，车票分为三等。1904年10月，该路归并于开始筹建的沪宁铁路，改称淞沪支线。

在1932年"一·二八事变"和1937年淞沪会战期间，淞沪铁路在战火中受到严重破坏。由于铁路两侧是战争对峙的前沿地带，双方都想争夺，淞沪铁路沿线站屋全部损毁，线路桥梁被炸。直到抗战胜利，淞沪铁路才全线修复通车，客货运输逐步恢复至战前水平。

1997年淞沪铁路拆除，不少路基已用作上海轨道交通三号线。3号线于2000年12月投入运营，在原淞沪铁路上设有宝山路、东宝兴路、虹口足球场、赤峰路、大柏树、江湾镇6个车站，并已延伸到宝钢附近。

⊙古今评说

淞沪铁路系中国政府用官款修建的江南第一条铁路，是中国铁路史上的里程碑。随着时代的变迁和上海城市交通的发展，这条中国铁路的"前辈"逐步退出了历史舞台。

中国第一条铁路的兴衰废盛，折射出近代中国从落后苦难走向文明自强的艰难历程。淞沪铁路及其沿线经过的每一寸土地，每一块枕石，都蕴埋着中国军队勇士的鲜血，他们的血水已与大地凝为一体。淞沪铁路见证了上海开埠后的荣辱兴衰，也经受了淞沪会战炮火的洗礼。

如今，在上海宝山区，重新矗立起当年淞沪铁路吴淞镇站的旧址，仿佛让人穿越了时光隧道。老式的蒸汽机火车头和火车车厢，还有仿清朝时期的老站台，加上火车汽笛声及"通车剪彩仪式"，再现当年淞沪铁路通车时的情景。这是人们为了纪念淞沪铁路而建造的，吸引了无数游客前来参观。

吴淞镇站旧址上老式的蒸汽机火车头

吴淞铁路

⊙拾遗钩沉

　　吴淞铁路是中国第一条营业铁路，从上海起到吴淞镇止，全长14.5千米，从1874年12月开工，1876年12月全线建成投入运营。这条铁路是英国资本在没有经过清政府同意下，采取欺骗手段擅自修建的。清政府以285 000两白银于1877年赎回并进行拆除。

　　吴淞铁路是在中国土地上第一条建成营运的铁路，由于之前并没有铁路，因此建造铁路所用的机车、车辆和路轨等筑路器材，都是从英国订购的。在那之前，人们对于火车这个概念

吴淞铁路示意图

并不熟悉。帝国主义列强纷纷谋求在中国修建铁路，以便把他们的侵略势力从中国沿海伸向内地，并为此展开了种种活动，但都遭到了清政府拒绝。于是英国怡和洋行采取欺骗手段擅自修建吴淞铁路。

　　吴淞铁路是一条轻便窄轨铁路，全长14.5千米，轨距762毫米，轨重每米13千克，沿线桥梁均为木结构，有跨越小河木桥15座，涵渠20座。铁路南起天后宫，经江湾镇，北达吴淞镇，设旅客乘降车站3处，即上海站、江湾站和吴淞站。吴淞铁路于1876年建成通车，每日往返7次，成为中国最早出现的一条营业铁路。

⊙史实链接

　　早在1866年时，英国公使威妥玛向清政府提出由于吴淞上海之间河道淤塞，疏通困难，轮船无法停靠，请求修筑从吴淞到上海的铁路，但并没有得到

机车"先导号"开始试行

清政府批准，因为清政府对英国修建铁路心存疑虑。

吴淞铁路尚未通车，就引起了轩然大波。在没有得到清政府批准的前提下，1875年初，上海英商怡和洋行耍了个花招，以修建"马路"之名兴建，声称修筑的是吴淞上海间的马路。为了掩人耳目，怡和洋行组织了吴淞道路公司，暗地里要在筑好的路基上铺设钢轨。当铁轨铺设至天通庵以北地段时，机车"先导号"开始试行，由于之前受清政府闭关锁国的影响，人们从来没有见过机车，感到新奇，因此围观的群众高达千人。

上海道台冯焌光从《申报》上看到报道，明白了怡和洋行的真正企图，于是会见英国领事，对英国商人擅自建造铁路的行为提出责问，并要求暂停筑路。在清政府的干涉下，怡和洋行表面上遵守，但实际工程照常进行。清政府多次干涉无果，便提出购买此段铁路，由于英方"处处挟制中国，多不合理"，称铁路如由中国收买后，仍宜交怡和承办，没有得到清政府同意。

之后吴淞铁路上海江湾段正式营业。上海至江湾通车营业一个月，事故频出，吴淞铁路从租界向北通往吴淞口，沿路主要从乡村通过。修建及通车过程中，铁路公司因占地与沿途乡民冲突不断。火车在江湾镇试车时又轧死一名行人，消息传出之后引起了乡民大愤，人们纷纷抗议火车通行，声浪迭起。之后，又发生运料火车与载客火车相撞的事故。之后中英双方进行会谈，议定买断吴淞铁路，订立《收买吴淞铁路条款》。铁路由中国买断，所有地段铁路、机车车辆等项中国买断后即与从前洋商承办之公司无涉。至此，拖延多时的吴淞铁路纠葛得以结案。

在赎回吴淞铁路时，虽然清政府一再声明要"收回自办"，但却没有自办铁路的打算。不少商民"请准铁路继续办理"，清政府置而不顾。吴淞铁路拆除后，铁轨等器材运至台湾，拟于台北敷设铁路使用，后来因为无力筹款，筑路被长期搁置。之后，清政府在吴淞铁路的基础上，重建了淞沪铁路。

⊙古今评说

　　吴淞铁路是中国第一条办理营业的铁路，是近代中国最早修建的一条铁路，但这条铁路是帝国主义分子用欺骗手段，非法修建的，通车16个月后就拆除了。

　　由于之前受清政府闭关锁国政策的影响，铁路在我国并没有通行。吴淞铁路的修建是我国铁路建造史上的一个里程碑，但由于这是一条缺乏条约支持且以不正当手段修建的非法铁路，因此当铁路地契由英人交付上海地方政府后，清政府随即下令拆除铁路。20年后，在吴淞铁路的基础上，清政府同意并用官款建造淞沪铁路，线路大体循原来走向，全长16.09千米，于1898年恢复运行。

　　吴淞铁路的兴毁既反映了当时中外路权之争，也反映了在路权争夺中清政府的态度，反映出普通百姓对西学西器的认知程度。

唐胥铁路

⊙拾遗钩沉

唐胥铁路起自唐山，止于胥各庄（今河北省丰南区），全长9.7千米，于1881年5月开工兴建，11月完工。唐胥铁路建成伊始，清政府以机车行驶震及皇帝陵园为由，只准许以骡、马曳引车辆。由于这段铁路用骡马牵引货车，所以被世人称为"马车铁路"。之后，

承载着历史的唐胥铁路

唐胥铁路延修到天津，全长130千米，也就是"津唐铁路"。

河北唐山被称为"中国近代工业的摇篮"，在这里诞生了中国的第一条铁路、第一辆蒸汽机车。唐胥铁路于1881年建成，在清政府洋务派主持下，中国自办的第一条铁路，是中国自建铁路和中国铁路网的起点。唐胥铁路的修建是为了更好地开发开平煤矿，因此由开平矿务局成立开平铁路公司，负责集资修建，这是中国自办的第一个铁路公司。

修筑唐胥铁路遇到过很多阻扰，特别是清政府保守派认为修筑铁路不仅占用大量农田、拆迁民坟墓，还容易给洋人可乘之机，从中捞取利益。在这样的前提下，唐胥铁路的修建可谓是一波三折。由于开平矿局开采的需要，清政府才同意修建。1881年6月9日，唐胥铁路铺轨。铁路东起唐山，西南至胥各庄，长9.7千米，采用1.435毫米的轨距和每米15千克的钢轨，与国际标准接轨。年底，唐胥铁路投入使用。因为起初只能用骡马充当火车头，在钢轨上拖曳煤车，被称为"马车铁道"。后来工人成功试制了一台轻型蒸汽机车，在机车两

74

侧各刻一条龙，把它叫作"龙号"。铁路开行通车后一个月运煤3 600吨，极大地加快了煤炭的运输速度。

⊙ 史实链接

　　鸦片战争后，岌岌可危的清皇朝中，一批先锋人物兴起了一场"师夷长技以自强"的洋务运动，这就促进了新式工业企业的建立与发展。而另一方面，新式工业企业的快速发展，加大了对煤炭的需求量。因为没有火车，只能靠人力、马力运输煤炭，因此煤炭经常处于供不应求的状态。

　　1877年，中国早期实业家唐廷枢筹建了中国历史上第一个采用近代采煤技术的煤矿——开平矿物局。开平煤矿的建立，煤炭产量的逐年递增，直接需要建立适应煤炭外运的便利交通。1879年，李鸿章奏请清政府修建一条唐山至北塘的铁路。唐山要修筑铁路的消息很快传出，反对派们的奏章一封接着一封往上递，铁路的修建受到了当时顽固派的重重阻扰。铁路修筑被叫停，但是煤矿出煤在即，运煤通道必须解决。在不得已的情况下，决定开凿一条"煤河"来解决煤炭的外运问题。但当煤河开凿到胥各庄时，因地势原因无法继续开凿。

　　无奈之下，李鸿章奏请，在唐山到胥各庄路段，修以骡马为牵引动力的"快车马路"，与煤河相连接，这才有了唐胥铁路的修建。1881年，开平矿务局总工程师英国人薄内的夫人在唐山钉下了第1枚道钉，中国第一条铁路唐胥铁路，历经磨难动工兴建。由于清政府明文规定，不准在铁路上使用蒸汽机，因此只能用驴、马拉着煤车在铁道上滑行。不久后，胥各庄铁路修理厂的技术人员试制出中国第一台蒸汽机，称之为"龙号"机车。

　　1886年，清政府成立了开平铁路公司，收买唐胥铁路后开始拓展修筑，并独立经营铁路业务。1887年，开平铁路公司，将

马拉运输的唐胥铁路

唐胥铁路修筑至芦台；1888年，将至天津；1894年天津至山海关间通车，改称津榆铁路。

⊙古今评说

唐胥铁路是中国自建铁路和中国铁路网的起点，修建最初目的是用于唐山矿的煤炭外运销售，但给中国铁路建设带来的影响却是深远流长的，新的交通运输方式出现冲击了国人保守的观念。

1881年，开始修建的唐山至胥各庄铁路，是真正成功并保存下来加以实际应用的第一条铁路，结束了中国没有铁路的历史，揭开了中国自主修建铁路的序幕。唐胥铁路，在洋务派与顽固派的纷争中，虽然经历了一波三折，但最终还是伸向了远方。唐胥铁路的修建有利于沿线地区矿产资源的开发，也有利于农牧业生产发展，为地区经济发展做出了贡献。

京张铁路

⊙ 拾遗钩沉

京张铁路长约200多千米，是连接北京、张家口的铁路，也是中国第一条由中国人自行完成，投入营运的铁路。京张铁路由"中国铁路之父"的詹天佑主持设计并于1909年建成通车。

京张铁路经八达岭、居庸关、沙城、宣化至河北张家口。之所以选择联结北京和张家口，是因为张家口为北京通往内蒙古的要冲，南北旅商来往之孔道，地理位置优越，自古即为兵防重镇和进入蒙俄的陆路商埠。京张铁路的修建解决了贸易路途遥远的困难，促进了两地贸易往来的发展，具有重要的经济价值和政治意义。

中国铁路之父詹天佑

1903年，清朝政府决定修建从北京至张家口的京张铁路。京张铁路在修建时遇到了不少的困难，特别是来自英俄两国的压力。在此之前，我国的筑路权都操纵在外国人手中，英俄两国为了修筑京张铁路僵持不下，最后决定由中国人自行修筑铁路。在国外学习过铁路建设的詹天佑担当起了修筑京张铁路的重任，负责全面的修建工程。由于沿途一带到处是崇山峻岭，南口到岔道城的"关沟段"尤为险峻，因此铁路的修建十分艰巨。原计划京张铁路需要6年时间才能建成，但詹天佑跟铁路员工一起，克服资金不足、机器短缺、技术力量薄弱等困难，不但节约了大量资金，还比原计划缩短了两年的时间提前完工。

京张铁路是一条由中国自己筹资、勘测、设计、施工建造的铁路，它的建成不仅是中国人民和中国工程技术界的光荣，也是中国近代史上中国人民反帝斗争的一个胜利。

⊙史实链接

清末，帝国主义疯狂争夺中国铁路建筑权，仅1895年到1899年的四年时间里，帝国主义国家在我国掠夺了近1万千米的铁路修筑权。他们在我国修筑铁路，除获得巨大的经济效益外，还在沿线地区争着办工厂、采煤矿，掠夺我国的资源。

1903年，清政府决定修建从北京至张家口的京张铁路，消息出来以后，英国和沙俄两国激烈争夺建筑权。双方僵持不下，只好以让中国人自行修建铁路来威胁清政府。在此之前，铁路的修建一直只能依靠外国工程师。无奈之下，清政府命詹天佑担任铁路总工程师，负责修筑京张铁路。

在外国垄断铁路建设的背景下，中国人自行修建京张铁路，来自路况、资金、技术、人才等诸多方面困难是可想而知的。由于京张铁路经八达岭、居庸关、沙城、宣化至河北张家口，沿途是连绵的崇山峻岭，横阻着悬崖峭壁，地形复杂，修建起来困难重重，任务艰巨。如

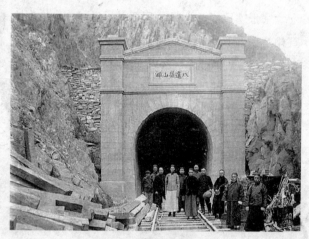

修建中的京张铁路

居庸关、八达岭路段地形复杂，层峦叠嶂，石峭弯多，为了穿越燕山山脉，詹天佑不仅自行采用了"之字线"线路的爬坡方式，还利用"竖井施工法"开挖隧道，其中八达岭隧道长达1091米。由此可见，修建京张铁路工程的艰巨。詹天佑出色地完成居庸关和八达岭两处艰难的隧道工程，是中国铁路建设史上的胜利。

京张铁路的投入使用促进了我国经济发展。京张铁路是中国首条不使用外

78

国资金及人员，由中国人自行完成，投入营运的铁路。

⊙古今评说

　　詹天佑主持并胜利建成的京张铁路不仅是第一条中国人自行设计和施工的的铁路，而且在世界铁路建筑史上也占据了极其重要的地位。京张铁路是清政府排除英国、俄国等殖民主义者的阻挠的反映。

　　京张铁路在1905年开工，1909年京张铁路全线通车，施工时间比原定缩短了两年；而建造成本亦比原来预算节省了35万两白银。京张铁路作为工业文明走进中国的象征，它的发展与变迁映射着中国百年发展的年轮。这一铁路的建成，沟通了北京与西北的联系，打破了英国和沙俄企图夺取该铁路建筑权的美梦，也使深受帝国主义、封建主义压迫的中国人民精神为之一振。工程艰巨的京张铁路，在中国铁路史上写下了光辉的一页。

京张铁路全线通车典礼

京广铁路

☉拾遗钩沉

京广铁路起于北京西站，止于广州西站，全长2 324千米，是贯通中国南北的重要铁路大通道，也是中国线路最长，运输最为繁忙的铁路，具有极其重要的经济运输战略地位。这条铁路由原京汉铁路和粤汉铁路两条铁路组合而成

京广铁路是中国南北向最重要的一条铁路干线，它连接了北京、河北、河南、湖北、湖南、广东6个省市，以及多座大中城市，是一条从北京市通往广东省广州市的铁路大动脉。京广铁路，原分为北南两段，北段从北京市到湖北省汉口，称为"京汉铁路"，于1906年4月建成；南段从广州到湖北武昌，称为"粤汉铁路"，于1936年4

南北交通大动脉京广铁路

月建成。1957年，我国武汉的长江大桥正式建成通车，京汉铁路和粤汉铁路接轨，改名为"京广铁路"。京广铁路是国家铁路南北交通的大动脉，促进了南北经济贸易的往来，在中国的国民经济中起到了非同寻常的作用。

我国自改革开放以来，由于经济发展迅速，交通运输布局发生了重大变化，而京广铁路一直处于超负荷的状态。为了分担京广铁路的负荷，1997年我国建成了与京广铁路平行的京九铁路，但京广铁路依然发挥着巨大的的作用。目前京广铁路上的大多数客运列车和货运列车已经采用电力机车牵引。由于北京、广州两地路途遥远，为了缩短火车行驶时间，不断进行提速改造，如今已

经实现了重大的突破，北京往返广州间的特快客车运行时间已由过去近40个小时缩短到现在的22个小时。

⊙史实链接

近代中国，朝廷极重视盐粮运输，但仅水路漕运、陆路马运的运输方式难以满足需求。随着洋务派"开眼看世界"的举动，中国循着铁轨和汽笛声加速奔向工业文明。两广总督张之洞奏请修建卢沟桥至湖北汉口镇铁路，即京汉铁路的前身卢汉铁路。为了修建卢汉铁路，

京广铁路前身粤汉铁路

张之洞1890年在湖北主持建设汉阳铁厂，为卢汉铁路之需。张之洞认为"中国应开铁路之地甚多，当以卢汉一路为先务。此路南北东西皆处适中，便于通引分布，实为诸路纲领。"卢汉铁路的开筑，刺激了全国铁路事业的拓展。清政府在决定修建北段时，便打算修建南段的粤汉铁路。1896年，清廷设铁路总公司，决定从卢汉铁路办起，再办粤汉铁路。

粤汉铁路于1898年动工，1936年全线通车，前后经历了整整36年。粤汉铁路在建设中也遇到了很多的困难，由于资金问题，铁路建设向美国借款400万英磅，因此美方强行在合同中塞入派员勘测、筑路并"照管驶车等事"。最后张之洞以高价赎回路权。1936年，全长1 096千米的粤汉铁路全线通车。粤汉铁路使长沙经广州口岸进出口的商品日益增多，生猪和粮食成为长沙外销的大宗商品。粤汉铁路的开通还使长沙产生了一个新的行业——铁路运输行，对运输事业的发展产生了很大的影响。

抗日战争期间，京汉、粤汉铁路几乎全部沦陷，直到1949年全国解放后，才回到人民的手中。新中国成立后，铁路运输量激增。为了提高铁路运输能力，国家逐步对京广铁路进行了技术改造，包括更换钢轨、加固桥梁、改善通信信号设备、加强各区段站等。

⊙古今评说

京广铁路是中国最重要的一条南北铁路干线，其连接了6个省市，以及数十个大中城市，并与京山、京九、陇海等数十条铁路干线相接，促进了我国的国民经济的高速发展。京广铁路有利于沿途的人口流动；有利于各地的经济往来；有利于各地的文化交流；有利于各地的货物运输。

为了提高京广铁路的交通运输，自1997年以来，我国不断对其进行提速。到2004年，经过五次提速，北京往返广州间的特快客车运行时间已由过去近40个小时缩短到22个小时。京广铁路促进了南北经济往来，使南北货物运输也得到了很大的发展，南运货物以煤炭、钢铁、石油、木材及出口物资为主，北运货物主要是有色金属矿产品，以及粮、糖、茶等农产品和进口物资。

京广铁路衡阳枢纽

台湾高速铁路

⊙ 拾遗钩沉

台湾高速铁路（简称台湾高铁）是连接台湾台北市与高雄市的高速铁路系统，贯通台湾西海岸，以台北为起点，经板桥、桃园、新竹、台中、嘉义、台南至高雄，共八个车站。路线全长345千米，于1998年启动兴建计划，原定于2005年完工通车，但由于系统整合、试车进度落后等问题的影响，于2007年3月才正式营运通车。

为了缓解台湾南北的交通压力，1991年，台湾当局决定建设一条横贯南北的高速铁路。台湾高速铁路是台湾岛内第一条高速铁路，也是全世界最大规模采取BOT模式（兴建、营运、移转）的公共工程。台湾高速铁路采用日本新干线技术，最高运营时速达315千米，建设总成本十分高昂，估计约达5 000亿台币。原先乘火车从台北到高雄最快需要4.5个小时，台湾高速铁路的开通使往返台北高雄两市的时间缩短为1.5个小时。台湾高铁自通车以来，因为快捷、舒适，成为了台湾民众往来的主要交通工具。

台湾高速铁路的开通，给台湾经济社会发展带来长久的影响。高速铁路不但提高了设站地区的可达性，也提高了既有市区的可达性，使得沿途的地区板桥、桃园、新竹等经济建设得到了高速发展。

⊙ 史实链接

台湾铁路发展的历史源于清末刘铭传担任台湾巡抚期间。刘铭传是近代中国提倡兴建铁路的第一人，开启了台湾铁路建设的历史。清末，由于洋务运动的大力开展，大陆开始建设铁路干线。在台湾，刘铭传制定了以"兴造铁路为网纽、辅之以电线邮政"的方针，于1887年成立"全台铁路商务总局"，并聘请英国、德国工程师，着手修建铁路，

83

1891年，台湾的第一条铁路，即从台北到基隆长28.6千米的铁路竣工，这成为台湾铁路建设史的开端。铁路的开通，奠定了台湾近代化的基础，大大促进了台湾的经济社会发展。随着时代的发展，台湾经济进入了全新的鼎盛时期，而传统铁路的运输难以满足日新月异的时代变化。为此，台湾决定修建一条连接台北市与高雄市的高速铁路。

兴建高速铁路的提议始于20世纪80年代，主要是为了解决日益增加的城际运输需求。1990年，台湾高速铁路的筹建进入执行阶段，但由于资金、技术等问题，只能暂时搁置，到1999年才正式启动。台湾高速铁路由台湾高速铁路股份有限公司负责兴建、营运阶段的工作，这是一家由台湾多家公司组成的民间投资联合体，期限为35年。台湾"交通部高速铁路工程局"为高铁建设早期进行初步规划，目前负责高铁兴建、营运监督及站外捷运系统的兴建，将于2030年从台湾高速铁路股份有限公司手中接续营运高铁。

台湾高铁1999年动工后，原预定于2005年完工通车，但由于机电、信号工程等其他种种原因，通车延后。2007年通车并进行试营，得到了很好的效果。运营列车混合采用欧洲与日本新干线高速火车技术，时速高达300千米，台湾高铁规划在台湾西部走廊全线共设置12个车站，更好地为市民服务。

⊙古今评说

台湾高速铁路的开通，给台湾经济社会发展带来长久的影响。

高铁的开通，为以后打造台湾"一日生活圈"奠定了良好的基础。从台北

台湾高速铁路

到高雄，高铁沿途经过14个县市，除了台北和高雄两个站之外，高铁的其他各站都选在未开发的土地上。台湾高速铁路的开通能把这些尚未得到良好开发的地区变成新兴的城镇。

高铁开通后，台湾有了3条南北向的战略通道，分别是：台湾高速铁路、西线纵贯铁路、南北高速千米网，但就速度而言，高铁是最快的。台湾高速铁路极大地缓解了南北来往的交通压力。

秦沈客运专线

⊙拾遗钩沉

秦沈客运专线是中国第一条快速铁路客运专线，也是中国铁路步入高速化的起点，在全国路网中占有十分重要的地位。秦沈客运专线是连接秦皇岛与沈阳两座城市的铁路，全长404千米，它是中国人自己研究、设计、施工，时速达200千米的第一条快速铁路客运专线，是中国铁路发展的里程碑之一。

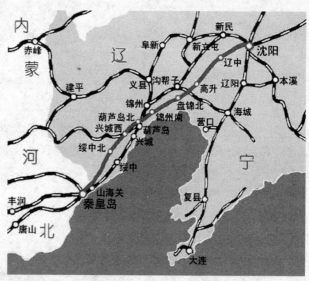

中国第一条铁路客运专线秦沈客运专线

秦沈客运专线起自于河北省秦皇岛市，沿途经过辽宁省的兴城市、葫芦岛市、锦州市、台安县、辽中县，止于沈阳市。秦沈客运专线于1999年全面开工建设，总投资约为150亿人民币。2003年，秦沈客运专线正式开通运营，之后由于铁路合并，如今已成为了京哈铁路的一部分。自从秦沈客运专线开通之后，促进了秦皇岛与沈阳的交通往来，形成北京经由秦皇岛至沈阳的快速通道，缓解了公路交通压力。秦沈客运专线不同于一般的铁路专线，它是中国第一条以客运为主的双线电气化快速铁路，它刚开通运营时，列车时速达到了160千米以上，基础设施预留提速至时速250千米的条件。列车的速度之快，带领中国铁路

86

客运走进了准高速铁路、高速铁路的新时代。

秦沈客运专线不同于其他铁路干线的另外一个特点是它的站点少，突破了常规铁路的设站原则。它采用了长站距的设计，全线只设有10个车站，平均约40千米设一个车站。缩短运行时间，保障列车高速运行，这是秦沈客运专线的特色。2003年秦沈客运专线的投入运营，进一步加快了中国铁路客运高速化的进程。

⊙ 史实链接

自从改革开放以来，我国经济的快速发展带动了社会的全面发展，但给交通运营带来了很大的压力。沈山铁路不但要承担货物运输，还要负责地方客流，交通压力大。为了解决我国进出关交通运输能力不足的问题，决心修建秦沈客运专线。

运行中的秦沈客运专线

秦沈客运专线于1999年全面开工建设，作为设计单位的铁道部第三设计，在借鉴国内外铁路建设经验的基础上，制定了"创部优、争国优"的目标，把科技创新贯穿于勘测设计的全过程。由于采用全线双线电气化，秦沈客运专线成为中国高速铁路的技术和装备试验基地。它代表了当今中国铁路最新的设计理念，具有运行速度高、技术含量高、质量要求高的特点。在2003年正式投入运营之后，很快缓解了出关客货交通的压力，为之后的中国高速铁路修建积累了宝贵的经验。秦沈客运专线全线设计时速达到250千米，专线采用我国自行生产的高速电动车组运行的列车，即L517和L518，从沈阳北至山海关，运行404千米。中国自行研制的动车组"先锋号"及"中华之星"也曾在该线进行高速测试。不仅如此，秦沈客运专线客运还首次实现全程联网信息共享、集中图像监控、集中广播等功能，极大地改善了我国铁路客运的管理与服务水平。

由于2006年京秦铁路与哈尔滨至沈阳段铁路合并，秦沈客运专线成为京哈铁路的一部分，被称为京哈线"秦沈段"。在未来，秦沈客运专线将会沟通京沪高速铁路和哈大铁路的联系，构成中国东部地区铁路高速客运网，促进我国铁路运输事业的发展。

⊙古今评说

　　修建秦沈客运专线在我国铁路建设史上有着重大的意义。秦沈客运专线通车后，解决了我国进出关交通运输能力不足的问题，形成北京至沈阳的快速通道，承担起全部直通旅客的运输任务。在专线修建之前，进出关客货运输能力不足一直制约着我国经济建设的发展，专线开通后，彻底改变了这种状态，为推动东北地区和环渤海经济区的经济发展做出重大贡献。

　　秦沈客运专线为21世纪建设我国铁路高速客运网迈出了坚实的一步。

从夏特古道到京沪高铁

京津城际铁路

三、铁路

⊙ 拾遗钩沉

京津城际铁路是中国第一条具有完全自主知识产权、运营速度最快的高标准铁路客运专线。全长120千米的京津城际铁路线采用高新技术的系统，将北京和天津两个直辖市连在了一起，形成"半小时经济圈"，促进了以京津为中心的环渤海地区的经济发展。

京津城际铁路西起北京南站，东至天津站，全长120千米，其中约85%为高架线路。铁路下设北京南站、亦庄、永乐、武清、天津站五个站，开行列车为国产CRH2型和CRH3型动车组列车，CRH3在试验中跑出时速达394.3千米的世界运营列车最高时速记录。铁路设计最高时速为350千米，运行完全程的时间约为29分钟，最小发车间隔为3.5分钟，这样一来，往来北京、天津变得更为简便。京津城际铁路投入运营后，采用公交化城际列车和跨线列车混合开行的运输组织模式，这是我国运输组织模式上的一种创新，使得京津城际铁路成为2008年北京奥运会交通运输的重点线路。

京津城际高速铁路是我国高速铁路的开端，由京津城际铁路有限责任公司负责建设经营，这是由铁道部、北京市及天津市政府共同组建的铁路公司，总投资133亿元。该铁路于2005年7月开工建设，经过三年的辛苦建设，终于赶上为2008年北京奥运

京津城际铁路

会服务，于北京奥运会开幕式前一个星期正式投入运营。铁路特别之处在于轨道采用世界最先进的无砟轨道技术铺设，这也是中国第一条铺设无砟轨道的铁路。目前世界上铁路轨道结构分为两种，一种是有砟轨道，另一种是无砟轨道。无砟轨道结构稳定，使用寿命长，维修工作量小，更有利于提高运输效率。

⊙ 史实链接

京津地区是经济发展最快的区域之一，也是中国城市最密集、城市化水平最高的地区之一。1994年，北京到天津只有一列绿皮直达车，一天两个往返，单程120分钟。2000年，被称为"子弹头"的"神州号"开行，运行时速140千米，单程74分钟，但仍然难以满足两地的交通需求。随着经济的不断发展，特别是北京、天津，这两个直辖市的交通跟不上经济发展的脚步。

京津城际列车

经过十几年的快速发展，我国高速铁路有了突飞猛进的发展。2005年7月，京津城际铁路有限责任公司正式开工修建一条由北京至天津的快捷客运专线，这就是京津城际高速铁路。京津高铁将直接提升了城市间的交通能力，让往返两地变得更加容易。

开工修建时，由于铁路途经北京、天津，沿线经济发达，道路纵横交错，土地资源极其宝贵。在这样的条件制约下，京津高铁以高架线路为主。为了保证动车的安全，工作人员制定了一套完善的控制系统控制车速。

2007年4月，京津城际列车增开12对动车组，全程69分钟；2007年8月，京津城际列车实现公交化运营，发车密度为每5分钟一班；2008年8月1日，京津城际高速铁路正式投入运营，使用的是国产"和谐号"CRH3型动车组，29分钟走完全程。作为中国第一条开工建设的高等级城际高速铁路，京津城际高速铁路运行时速350千米，提升了城市间的交通能力，拉开了中国高速铁路建设的新篇章。

从夏特古道到京沪高铁

⊙古今评说

京津城际高速铁路是中国第一条世界一流水平、最高运营时速350千米的高速铁路。它连接首都北京和天津两大直辖市，在基础工程、轨道结构、通号信息、电力牵引装备到列车控制等方面，都采用一系列高新技术，是我国第一条高标准铁路客运专线，开创了中国铁路建设史上的多项"第一"。

京津城际高速铁路的运营，为北京成功举办奥运会做出了重要的贡献。它缓解交通压力，方便了两地人员往来和经济交流。交通的改善形成新的商务商贸聚集区，优化了两地的资源配置，进一步释放了中心城市优势资源，对于环渤海区域的发展具有重要意义。

从京津城际铁路的开通，到当前四纵四横高速铁路网络的初步成形，我国的高铁营运里程已经达到九千多千米。而京津城际高速铁路更是我国高铁营运史上重要的里程碑，对其他高速铁路的修建具有借鉴意义。

正在施工的京津城际高速铁路

三、铁路

京沪高速铁路

⊙拾遗钩沉

京沪高速铁路，简称京沪高铁，是中国的一条连接北京市与上海市的高速铁路，也是中国"四纵四横"客运专线网的其中"一纵"。它是中国高铁建设史上投资规模大、建设里程长、技术水平高的一项工程。京沪高铁位于华北和华东地区，全长1318千米，纵贯北京、天津、上海三大直辖市和冀鲁皖苏四省，2011年6月通车，总理温家宝主持通车典礼。

北京是我国首都，经济水平发达，而上海是我国最大的经济中心城市，它们都是中国社会经济发展的活跃地区。京沪高铁设计的最高时速为350千米，使北京到上海只需4时48分，极大地便利了两座城市的经济往来。京沪高铁沿线是中国经济发展活跃和具潜力的地区，国土面积占全国的6.5%，人口占全国的1/4，GDP占全国30%，因此京沪高铁的开通能促进环渤海和长三角两个经济圈的发展。

京沪高铁沿途以平原为主，经过海河、黄河、淮河、长江四大水系，共设24个车站，其中始发站共有五个，分别是北京南站、天津西站、济南西站、南京南站和上海虹桥站，这五个车站都是集合高速铁路、路面公共交通等交通系统的大型立体交通枢纽。全线实现道口的全立交和线路的全封闭，确保高速列车运行安全。为了节约当地珍贵的土地资源，京沪高铁在满足运输生产和安全防护要求的基础上，全线优先采用以桥代路的方式。

⊙史实链接

改革开放使得我国经济建设突飞猛进，1990年，连结北京和上海的京沪铁路已经开始出现近饱和状态。为此，铁道部于1990年完成"京沪高速铁路线路方案构想报告"，并上交全国人民代表大会讨论。1994年，国务院批准开展京沪高速铁路预可行性研究，但之后关于京沪高速的修建设想便一直停滞不前。当时全国人民代表大会对京沪高速的建设存在着争执，反对方认为目前的运能紧张可用提速、扩能等方式，修建高速铁路很可能出现亏损多、盈利少的现象。因此，京沪高速铁路的动工计划被推迟到21世纪。

随着我国经济建设的快速发展，我国铁路交通网络也在不断完善和扩充。京沪高速铁路建设资金采取市场化融资方式，拓展多种投资渠道。2008年4月，京沪高速铁路打下第一个基桩，正式动工。10万建设大军日夜奋战在京沪高铁施工第一线。经过不断的努力，京沪高铁克服了种种困难，于2011年6月试跑，全面载客从上海虹桥站顺利到达北京南

正在运行的京沪高速铁路

站，为月底通车做好了准备。在正式通车的那天，当时的国家总理温家宝主持通车典礼，并乘坐首发列车G1次考察运营情况。在通车时，京沪高铁就开始采用了网络售票的方式。

2013年2月，京沪高速铁路工程国家验收委员会在北京召开会议，京沪高速铁路通过了国家验收。从京沪高铁开通运营一年的情况分析，全线运营安全稳定，各项检测指标稳定地保持在相关规定水平，实现了预期的建设目标。

京沪高铁是我国第四条引进国际先进技术的高速铁路，全长1 318千米，与既有京沪铁路的走向大体并行，全线为新建双线，铺设无缝线路和无砟轨道。京沪高铁不仅重视解决移动和固定设备的匹配兼容，还因地制宜地利用太阳能、风能等可再生能源。京沪高铁设计最高运营时速350千米，是世界上一次建成线路最长、标准最高的高速铁路。

⊙古今评说

由于京沪高速铁路两端连接环渤海和长三角两个经济区域，穿越河北、山东、安徽、江苏四省，因此它的经济战略位置是十分重要的。它所经过的区域

是中国社会经济发展最活跃的地区之一，也是中国客货运输较繁忙、增长潜力较大的客运专线。

京沪高铁的开通一方面给人们出行带来极大的方便，大大压缩城市间的时空距离；另一方面，对沿线经济社会发展起到积极作用，有利于优化资源配置，降低了长三角、环渤海及沿线地区的互动成本。

京沪高铁通过原始创新，在线路、桥梁、隧道、涵洞等工程技术形成了完全独立的技术标准和自主知识产权，这是我国高铁建设史上的创新之举。

京沪高铁抵达北京站

石太客运专线

三、铁路

⊙拾遗钩沉

石太客运专线又称石太高铁，于2005年6月11日开工，连接石家庄和太原市，是中国开工最早的高速铁路，也是我国铁路"四纵四横"中青太客运专线的重要组成部分。石太客运专线全长225千米，它的开通沟通了华北地区两个重要省份，是铁路促进河北山西经济又好又快发展的重要标志。

石太客运专线，东起石家庄市，途经河北省鹿泉市、井陉县，山西省盂县、寿阳县、阳曲县，止于太原市，横跨两省、三市、四县，直接吸引区域总人口达700多万人。石家庄地处河北省中南部，是河北省省会城市，环渤海湾经济区主要城市，毗邻山西省。在石太客运专线没有开通之前，山西一直被称为"四塞之地"，空港数量少，公路出口不畅、堵车严重，铁路客货矛盾十分突出。石太客运专线开通运营后，从太原到石家庄只要1个小时，到北京只需3个小时，山西在真正意义上融入了环渤海三小时经济圈。它的开通形成了一条大容量的快捷客运通道，大大缩短了山西与京津塘环渤海地区和河北、山东的距离，促进沿线经济的飞速发展。

石太客运专线总投资130亿元，最高运营时速250千米，是一条采用双线、全封闭、全立交设计的高速客运专线，于2009年4月1日正式通车运营。它也是继京津城际铁路等客运专线投入运营后，铁路建设上的又一大

石太客运专线

95

亮点。石太客运专线首次使用共有8节车厢的CRH5型动车组，其中五节车厢带有驱动机构，被称之为"五动三拖"，安全性能十分稳定可靠。石太铁路客运专线的开通运营，高速列车"动车组"的惊艳亮相，是高铁进入山西高速发展时代的一个特别亮点。

⊙史实链接

2005年6月11日，石太客运专线正式开工，营运管理交由石太铁路客运专线有限责任公司负责。公司于2005年10月在北京正式揭牌成立，由铁道部、山西省及河北省共同组建。

在将近四年中，建设石太客运专线的人们克服了各种困难，最终在太行山区成功建成了高速铁路，创造了中国铁路建设史上的新业绩。由于石太客运专线沿途经过多是闭塞的山区，施工环境较为艰难，为了让列车在高速运行下仍能保持良好的平稳性，施工人员采取了逢山开洞、逢沟架桥的建设办法。

石太客运专线是大规模铁路建设取得的又一成果。石太客运专线使用电力牵引，目标时速为250千米。石太铁路客运专线使用CRH5型动车组12组，分两个阶段开行动车组27对。中国铁路自2002年开始，通过技术引进和消化吸收，制造生产了适合我国的电力动车组。新型动车组具有安全、舒适、高效、快捷和环保节能五大特性，备受旅客的欢迎。此外，石太客运专线购票之便捷，服务之优质，环境之温馨，进一步凸显了铁路与公路、民航的竞争优势。

山西是我国著名的煤炭基地，货流量十分巨大，原先的铁路已经无法满足运输需求。因此石太铁路客运专线开通初期，承担了石家庄与太原间的大部分客运量，给广大人民群众的出行提供了便捷条件。它与既有铁路

正在建设中的石太客运专线

实现客货分线，显著增加了通道能力和晋煤外运能力，对于缓解煤炭运输紧张状况、促进经济平稳较快发展具有重要意义。

⊙古今评说

　　石太客运专线是拉动沿线经济增长的重要支撑，开辟了铁路在山西客运的新纪元。石太铁路客运专线开通运营，是铁路促进山西经济又好又快发展的一个标志。山西经济发展离不开铁路建设。石太客运专线将促使山西的资源、区位、群体产业等比较优势尽快转化为竞争优势，有效促进山西与周边地区人流、物流、信息流、资金流的快速流动。

　　此外，石太客运专线的开通运营，对于山西旅游发展具有重要的推动作用。山西省作为中华文明的重要发祥地，素有"地上文物看山西"之称，吸引游人如织。但由于之前山西交通不便，阻碍了山西的旅游发展。石太客运专线变为一条文化旅游合作之路，解决了山西旅游发展的重要难题。

石太客运专线正式通车

北京地铁一号线

⊙拾遗钩沉

北京地铁1号线，又称为北京地铁一线，西起苹果园，东至八王坟，大部分线路与长安街重合，是我国的第一条地铁，开我国地铁先河。北京地铁1号线全长30.44千米，于2000年6月28日全线开通，对改善通州交通环境起到了重要作用。

北京是我国的首都，也被称为国家的心脏，它是我国政治、文化、教育中心，北京拥有完善的城市交通网，是我国最大的铁路、公路及航空交通中心。但是由于每年数以百万计的外来人员涌入北京，北京城内单靠地面修路运输难以解决拥堵问题，因此，地铁的建造显得十分重要。1965年北京地铁开始兴建，目前为止，北京轨道交通总里程达到456千米，线路17条，换乘站37座。而在地铁各线路中，1号线的客运量最大，曾经创造日运送乘客人次106.43万的记录，有力地解决了北京城内交通的拥挤现状。

行驶中的北京地铁1号线

地铁1号线全程共设34站，由于北京是采取按人次而非里程计算的2元固定票价，为平衡运营公司亏损，由政府来进行补贴，因此坐完地铁1号线全程只需2元，减轻了乘客经济上的负担。地铁1号线经历了北京站专线、原一线、一线+复八线、1号线+八通线四个时代，和地铁八通线顺利贯通后，这条轨道线路成为世界上最长的城市地下铁道。

⊙史实链接

20世纪50年代末期，我国就计划在北京、沈阳、上海三座重要城市修建地铁。北京一号线地铁当年修建目的是以战备为主，交通运输为辅。北京是我国首都，对地铁需求显得更为急迫。20世纪60年代中苏关系恶化，美苏冷战，政府以防战为主要目的修建了一号线地铁。北京是我国最早修建地铁的城市。地铁于1965年7月1日开工建设，其线路沿长安街自西向东贯穿北京市区。由于当初修建地铁的原因是为了战时输送兵力，解决北京城内兵力输送的困难，因此地铁的线路连接西山的卫戍部队驻地和北京站。北京地铁于1969年10月1日建成通车，这是北京地铁1号线的前身。

对于当时的人们来说，地铁属于新鲜的交通方式，但由于地铁属于战备工程，北京地铁在通车后很长时间内不对公众开放，当时人们乘坐地铁需凭介绍信。1969年，线路长度为17.2千米的北京地铁二期工程开始修建。1971年公主坟至北京站段开始试运行，之后延长为玉泉路至北京站、古城路至北京站，1973年苹果园站开放。1981年，北京地铁正式面向公众运营。

由于1981年北京地铁二号线开放，一线长椿街至北京站部分并入2号线中。因此一线地铁运行线路变为苹果园至复兴门。随着城市地面交通压力日益增大，北京轨道交通建设也紧锣密鼓地进行。1992年，地铁复八线开工，这条线路被称为1号线东段。2000年，地铁复八线与原1号线成功实现贯通运营，这使得地铁一号线进入了全新的时代，运营区段变更为苹果园至四惠东站，形成一条穿越石景山、海淀、西城、东城、朝阳五个区的快速轨道交通线。2003年，北京轨道交通八通线通车试运营，八通线与北京1号线有望于未来顺利贯通，向东延长，对改善通州交通环境起到积极的作用。

随着市民对轨道交通的需求越来越迫切，地铁13号线和八通线分别全线通车，由此北京地铁运营总长已经达到114千米。

⊙古今评说

北京地铁1号线不管是在军事意义上还是经济意义上，都对北京产生了重要的影响。这是我国第一条地铁，它的修建开我国地铁交通史的先河，更有利于缓解北京地面拥挤的交通环境。由于北京人口密集，交通运输量大，因此常常出现拥堵，给市民出行带来极大的不便。但北京地铁的开通，解决了这一问题，地铁1号线，每隔3分钟就发出一班，走完全程只需75分钟。

如今，北京市中心城内轨道交通网络基本形成，今后北京市民出行，三环以内平均步行一千米，即可到达地铁站。地铁轨道将实现城市重点功能街区及交通枢纽的便捷联系。

四、交通工具

商代的马车、牛车

⊙拾遗钩沉

商朝是我国历史进入文明时代的第二个王朝，继夏之后，统治中原达500余年。在商代，人们出行的陆上交通工具以马车、牛车为主。

商代是古代东方奴隶制国家中，经济文化发展水平最高的国家。由于商代的农业和手工业已经得到了大力发展，农业和手工业的发展促进了商品交换的发展，这就使商代出现了许多牵着牛车和乘船从事长途贩运的商贾。到商代后期，都邑里出现了专门从事各种交易的商贩。道路的开辟和修筑，马车牛车的普及，为商品的流通提供了条件。

商代马车遗址

商代马车、牛车普及的另外一个原因是当时商代的地域辽阔。《诗·商颂》"天命玄鸟，降而生商，宅殷土茫茫。"武丁时"邦畿千里，维民所止，肇域彼四海。四海来假，来假祁祁。"这显示了商族及商王朝势力的强大和疆域的辽阔。在如此广阔的商代区域中，商王朝要实现它的有力统治，无论是战争或和平时期，都需要发达的交通道路作为凭借。为了实现地域之间的通行，商代官府不但积极修筑马路，也鼓励民间修筑。

102

⊙史实链接

《易·系辞下》的"服牛乘马，任重道远"说明马车的历史极为久远，它

商代晚期已经使用双轮马车

几乎与人类的文明一样漫长，关于我国马车的起源，一直是颇受关注却又悬而未决的问题。我国历史学家在安阳殷墟的考古发掘表明，中国在商代晚期已经使用双轮马车。

马车用于载人，在战争时代，马车主要是用于战斗之中，也就是所谓的战车。战车最早在夏王启指挥的甘之战中使用，以后战争规模越来越大，战车成为战争的主力和衡量一个国家实力的标准，战士们驾四匹马或两匹马拉的车，车上有士兵三人，中间一人为驱车手，左右两人负责搏杀。战车的种类很多，有轻车、冲车和戊车等。商代时候，由于处于500余年的和平时期，因此马车也作为一种陆上交通工具来使用，当时的马车为独辕、双轮，车厢是方形或长方形，车辕前端缚有一根叫"衡"的横木，衡两边各缚有人字形轭，用以系马。由于是独辕，必须用双数的马驾车，或两匹，或四匹等。马车用多少匹马来牵引，是根据马车主人的社会身份的高低来决定的，主人身份越高，马匹的数量越多。从马车上的设备，人们可以猜测到马车主人的身份。此外，古代乘车很讲究礼仪，贵族出行所用的车，左侧为主人，中间是驾车的人，右侧是陪乘人员。

牛车，顾名思义是牛拉的车子，它是商代非常重要的交通、运输工具。牛车和马车最大的不同之处在于，马车主要是载人，牛车主要是运输货物。我国古代是以小农经济为主导的。在春秋战国时期，中国进入了铁器时代，铁器农具的出现及牛耕技术的使用，使牛成为古代的重要劳动力。此后，商代由于社会生产力的发展，畜牧业和农业出现了分工，开始了产品交换。人们为了方便运输货物，又发明了牛车。由于商品交换量迅速增加，运输的范围和数量也相应地不断扩大和增加，牛车特别受到人们的青睐。

人们对于商代马车、牛车的历史研究，主要是根据甲骨文、金文、出土实物及古籍记载。甲骨文是中国的一种古代文字，是商代后期王室用于占卜记事而刻在龟甲和兽骨上的文字。甲骨文中有"舟""车"之类的象形字，商朝不仅有了"车马""步辇"和"舟船"等交通工具，而且开始建立古道"驲传"制度，方便两地进行有组织的通信活动，巩固商王朝的统治。

⊙古今评说

马车、牛车都是我国商代主要的陆路交通工具。马车、牛车是为社会各个阶层广泛接受、认可的，一般官员贵族乘坐马车，老百姓多数用牛车。马车、牛车都是商代最普通、最便捷的交通和运输工具。数千年来，无论是劳动生产还是战争，或者是政治活动，马车和牛车都是不可或缺的重要工具与装备，在社会生活中占据过举足轻重的地位。

人们常常根据马、牛数量的多寡与质量的优劣，衡量某一时期的社会发达与落后、国势强盛与衰弱。马车、牛车的普及促进了商代商品交换的发展，而商代的交通道路是人类发展生产，彼此交流，创造文明的必要条件。

战国时期的肩舆

⊙拾遗钩沉

肩舆是我国古代轿子的别称，是属于中国古代特有的一种交通工具。"舆"指车厢，肩舆，顾名思义，就是抬在肩膀上的车厢，也就是我们常常所说的轿子。在宋代以前，并没有"轿子"这个说法，而称之为肩舆。肩舆还有其他的叫法，如版舆、步舆、食舆、步辇等。

古代肩舆

战国时代是中国古代重要的历史时期之一，经济、文化、政治都出现了很大的进步。伴随着私田制和铁器的广泛运用，新兴的社会阶层迅速崛起，肩舆作为一种交通工具成为人们的喜爱，这也使肩舆成为当时重要的交通工具。初期的肩舆，不论在结构还是在制式上都较为简单，只是在两根长竿之中放置一把椅子，人可以坐在椅子上，很像现代的"滑竿"，但由于头顶没有覆盖物遮挡，不能遮风挡雨，给人们带来了不便。后来，随着肩舆的逐渐完善，肩舆的设计越来越符合人们的需求，肩舆底座呈长方形，在椅子上下及四周增加覆盖遮蔽物，顶盖像四面起坡的房顶，形状如同车厢（舆），并在车厢上加了种种美丽的装饰，使坐在肩舆里面的人感到舒适。为了方便人们乘坐，还在轿前开了一扇小门，这就是成熟的肩舆。

105

⊙**史实链接**

肩舆的历史久远，如今已有四千多年的历史。据史书记载，肩舆的原始雏形产生于公元前21世纪的夏朝初期。《尚书·益稷》中"予乘四载，随山刊木"，以"开九州，通九道，陂九泽，度九山"。这段话表明在当时已经有了类似肩舆的交通工具。肩舆是道路的产物，它的出现是建立在车的基础上的。由于古代生产运输的需要，我国一直有马车、牛车等交通工具。马车、牛车适宜在平路上行走，但由于古代交通闭塞，许多道路尚未开发，山路崎岖难行，因此车在山区道路上行驶有种种不便时，人们干脆直接把车的轮子卸了

古代肩舆遗址

下来，换成人力来抬车厢，车逐步发展成了肩舆。起初肩舆只是作为山行的工具，后来随着肩舆的普及，人们在平路上也以它为代步工具。

在战国时期，我国制造肩舆的技术已经趋向成熟。我国考古学家在对河南固始侯古堆春秋战国时期的古墓陪葬坑中的考察中，发现了由底座、边框、立柱、栏杆、顶盖轿杆和抬杠六部分组成的三乘木质肩舆，共有屋顶式和伞顶式两种制式。战国时期的中国，政治、经济、文化、科技方面都得到了较好的发展，肩舆也不例外。从肩舆的复原图来看，古墓陪葬坑中出土的肩舆结构比较完备，从中可以推断出在战国时期制造肩舆的技术就已经十分成熟。

在春秋战国时期，我国封建礼制走到了彻底崩溃的地步，曾经作为身份象征的鼎彝逐渐被舆服和宫室替代。舆，即车轿类的交通工具，服，即衣帽鞋袜类的服装。这里说的舆就是肩舆。在当时，人们乘坐肩舆主要也是身份等级的象征，身份越尊贵的人，乘坐多人抬的肩舆。在封建社会里，等级身份是不可逾越的。中国传统追求的是秩序和稳定，是君臣父子长幼尊卑贫富贵贱，与身份等级的尊贵相对应的是对抬肩舆的人数。肩舆不是一个人就能抬起来的，因此最低档的是两人抬的肩舆，其次为四人、六人和八人以上肩舆。

⊙**古今评说**

　　肩舆对于研究我国古代交通工具具有重要的作用。一方面肩舆的出现弥补了道路的不足，给人们带来了很大的交通方便；另一方面，肩舆传递着权贵与庶民的不同，不仅仅是依靠抬肩舆的人数来区分，在轿子的形制和帷子的用料、颜色等方面也都有严格规制。

　　肩舆在中国历史中的意义已经远远超出其作为一种交通工具的范畴，它已经发展成为中国传统社会、政治和文化的最典型象征。肩舆也是我国古代封建社会扼杀人性的表现，成为中国传统权力社会不平等的标志物。封建社会上流的权贵乘坐着肩舆，抬肩舆的都是挣扎在社会最底层的劳苦人民。

太平车

⊙拾遗钩沉

　　太平车是我国从远古时期沿袭下来的一种古旧车辆，是我国古代造车工艺趋向成熟的结晶，也是古代最重要的农业生产、生活工具之一。太平车略呈长方体，长约两米，宽约1.45米，因其滚动平稳而得名太平车，主要使用在我国平原地区。太平车的发展继承着夏代"辆车"的雏形，所以也被称为"中国车辆活化石"。

　　太平车呈长方体，多由耐腐耐震耐碰撞的椿木、槐木等硬质木料打制而成，主要包括车棚、车毂、车辖轮等主要构件。太平车车身四周木板被铁铆和木楔固定，车底、内帮很厚，两边各有圆滑的两个木轮子，四个车轮跨度较大，而每个轮子都由一段段弓厚"铁

太平车

瓦"围镶着轮边，"铁瓦"是由许多大铆铁钉深深砸进车轮内圈，保证车辆的坚牢。两边的车帮是双木条，双帮的纵底木之间卡着车轮的铁质横轴，在不影响车轮的情况下在双帮之间转动。当太平车的四个辖辘运作起来时，行驶中会发出"咕噜""咕噜"的声音，因此人们也常常把太平车称为"辖辘头车"。整个车体的重量有300千克重，车身离地面较低，正是由于种种复杂的小细节，才能使太平车在道路上平稳行驶。人们用铁链把车抬杠系在车厢的外面木头上，在前面挂上牲口套，套上牛，就可以拉车了。它伴随着人类走过漫长的

岁月。

⊙ 史实链接

据相关史料记载，太平车最早出现在宋代，在北宋张择端的画作《清明上河图》中，人们就能从中看见有几辆用四匹或两匹健骡拉的太平车。

清明上河图

我国车辆的制作历史悠久，据《路史后纪》载：奚仲发明车辆，夏禹时期封奚仲为夏车正，主管天下造车之事。由于天中地区盛产造车的上乘之木"槐"，而将奚仲分封到这里。奚仲父子率领族人到这里后就地取材，广纳民智，在原有舟车的基础上终于创制了四轮太平车曰"舆"。《管子·形势篇》说："奚仲之为车也，方圆曲直，皆中规距准绳，故机旋相得，用之牢得，成器坚固"。

自宋代以后，我国古代的制车业主要是以制造载货的运输车为主的太平车。太平车的行进方式与其他木车不同，即由人驾辕，牲畜拉车，虽然车速很慢，但行进十分平稳。另外，它还具有载重量大的特点，非常适宜于在地势平坦的地区短途运输大批量的东西。在古代，地主官吏士大夫乘车贪图的是享受，而平民百姓想要的交通工具却是实用，因此太平车多为古代平民百姓使用。过去，拥有太平车者多是些富裕人家或商行货栈，太平车也不是所有的平民百姓都能用的，贫穷的农民用不起太平车。旧时，它是农民家庭财富的象

109

征，一般打造太平车不仅仅是木匠干的活，还要靠铁匠帮忙。木匠破料时，铁匠应邀将红炉拉到现场，打制太平车上所需的各种构件。合车时候，现场一片忙碌。经过复杂的工艺，才能打造出牢固的太平车。历史上，太平车曾长期作为一种重要的运输工具，为我国古代运输事业做出贡献。太平车存在的最大的缺点是车轮轮体没弹性、太扁薄，因此太平车不能在潮湿的地里拉太多的庄稼，载重量大时，四个轱轮十有八九要陷在地里，它也是我国中原地区古代最重要的运载工具。

直至20世纪70年代末，我国一些农村还在使用太平车进行运输。但随着更便捷的车辆的出现，太平车渐渐退出了历史舞台。目前，太平车的存世量非常少，因此现代的人们对太平车并不熟悉，只能通过书籍记载或模型进行了解。

⊙古今评说

太平车是我国古代造车工艺趋向成熟的标志，太平车作为远古一种传统的运输工具，蕴藏着丰富的历史文化，代表了我国劳动人民的智慧，在一定程度上代表了我国传统车辆发展的历史，具有科学的价值。

由于太平车的运载量大，非常适宜在平原地区运输，因此深受平原地区人民的欢迎。虽然如今太平车已经彻底退出了历史舞台，但它仍然具有较强的历史价值、收藏价值、文化价值，对研究我国交通工具发展史作出了贡献。

龙号机车

⊙拾遗钩沉

　　"龙号"机车，又称"中国火箭号"，于1881年6月在我国唐胥铁路上开始投入使用，是我国铁路制造业的第一部蒸汽机车。之所以称为"龙号"机车，是因为蒸汽机车的两侧都镶嵌了一条用黄铜镌刻的飞龙。

唐胥铁路使用的机车，该机车又称"龙号"

　　龙号机车是中国第一台机车，与国外机车制造业不同的是，龙号机车是在缺乏原料、设备简陋的条件下建造起来的，工人们利用矿山废旧材料，共花费520银元就制成了龙号机车。工人们用煤矿旧井架的槽铁制作机车车架，用废旧起重机上的锅炉改制成为机车的锅炉，而车轮则是用生铁铸成。龙号机车结构简单，机车采用了不同寻常的2-4-0车轮结构，车上只有三对动轮，既无导轮，又无后轮，因此它的时速只有30千米。之后，为了提高机车的运输能力，工人们对龙号机车进行了多次改造。后期型的龙号机车在锅炉上增加了禁锢带，锅炉后上方增设了一台发电机，将底台抬高至锅炉底部位置，取消了两侧水柜延伸，改成了横向的工具箱。后期的龙号机车的运输能力能够达到百余吨。

　　龙号机车在唐胥铁路上担当起重要的运输角色，它的出现不但改写了中国没有自制机车的历史，而且大大提高了中国人对于机车的制造能力。退役后的龙号机车为了便于人们观赏，曾经存放在北京的交通陈列馆，但由于经过了百年的风雨及战争洗礼，如今下落不明。

1878年，我国决定修建一条从唐山到胥各庄的轻便铁路，这是一条运煤铁路，即唐胥铁路，它的修建提高了唐山煤炭开采和运输能力。但这条铁路并不被清政府看好，几经波折，最后李鸿章从英国聘用了专业的技术人员英达为主管工程师来负责修建铁路。由于清政府统治者怕惊扰皇陵，因此修建铁路的前提是不能在铁路上运行机车，只能使用骡马拖运煤车。1880年由开平矿务局投资的唐胥铁路开始修建，但骡马拖运煤车并不能提高运输效率，并非长久之计。李鸿章、英达等人不仅极力主张修筑铁路，也主张在铁路上使用机车，他们在修建铁路的过程中，决定采取先斩后奏的做法。因此，英达设计了机车图纸，工人们根据英达的图纸一边修筑铁路，一边在胥各庄修理厂造起了机车。

英达在《华北的矿山及铁路》一文中描写了龙号机车的建造过程："自1880年冬季开始，在修车厂车间，一辆经我特别设计的机车在悄悄地修建，使用的是可以弄到的废旧材料：锅炉取自一轻型卷扬机，车轮是当旧铁买进的，而车架则用槽铁所制，取自唐山矿一号井竖井井架。6月9日，在乔治·史蒂芬逊诞生100周年之日，白内特（当时的开平矿务局总矿师）夫人敲下了第一颗道钉，并将机车命名为'中国火箭号'。"随后，机车投入日常运行。白内特夫人为了纪念乔治·史蒂芬逊以及他那举世知名的火箭号，因此把这辆机车称为"中国火箭号"。可是在中国人的眼中，这是中国人自己建造的机车，开平矿务局的员工在机车两侧各镶嵌一条龙，把它叫作"龙号"机车。龙是我国封建社会传统的皇家象征，也是中华民族的象征。

1881年6月9日，一台两侧镶嵌着飞龙，漆得黑亮的火车头，隆隆地开出唐山矿，向胥各庄方向驶去。这是中国第一台蒸汽机车——龙号机车的首次试运行。它的一声长鸣向世界宣告中国从此有了火车和铁路。龙号机车的投入使用大大提高了当地的煤炭运输效率。1937抗日战争爆发，日本军队侵占北京之后，龙号机车去向不明。

龙号机车

⊙**古今评说**

龙号机车是中国第一台机车，奠基了唐山作为中国近代工业摇篮的基础，也标志着中国铁路装备制造业的开端。为了纪念中国第一辆自己建造的机车，如今在全国许多纪念馆里都陈列摆放着龙号机车模型，以供人们观赏。

在龙号机车没有出现之前，我国在吴淞铁路上运营的先导机车等蒸汽机车都是从外国进口的。龙号机车的出现，结束了我国不能制作机车的历史，开创了我国铁路装备史上的新纪元。

韶山1型电力机车

⊙拾遗钩沉

韶山1型电力机车是我国第一代有级调压、交直传动电力机车。它是由我国1958年试制成功的仿苏联H60型电力机车逐步演变而来。

韶山1型电力机车（SS1），是中国铁路的第一代（有级调压、交直流电传动）国产客、货两用干线电力机车。韶山1型电力机车原称6Y1型，原型车为苏联的N60型电力

韶山1型电力机车

机车，首台机车于1958年试制成功，但因质量不过关未能批量生产，此后20多年间经历了三次重大技术改进，机车趋于成熟、稳定，于1968年更名为"韶山1型"，1980年基本定型并投入大批量生产。至1982年底，株洲电力机车厂已经生产了299台韶山1型电力机车，分别配属四个铁路局（西安铁路局、成都铁路局、武汉铁路局、北京铁路局）下辖六个电力机务段（宝鸡电力机务段、安康电力机务段、勉西电力机务段、马角坝电力机务段、六里坪电力机务段、石家庄电力机务段），运用于宝成铁路、阳安铁路、襄渝铁路襄阳至安康段、陇海铁路宝鸡至天水段、石太铁路。

⊙史实链接

韶山1型电力机车的研制始于1950年代。新中成立以后，随着国民经济逐渐恢复，为了在第二、第三个五年计划内更大规模地开展经济建设，国务院科

学规划小组编制了《1956～1967年科学技术发展远景规划》。1956年，中华人民共和国铁道部也制定了《铁路十二年科技发展规划》，提出"技术政策的中心环节是牵引动力的改造，要迅速地有步骤地由蒸汽机车转到电力机车和内燃机车上去"。但由于当时中国的工业基础薄弱，也缺乏制造电力机车的经验，在当时的国际环境下要取得电力机车的制造技术，苏联的协助自然成为首选。1957年10月，毛泽东率领代表团赴苏联参加苏联十月革命40周年庆祝活动，并选派了50位科学技术人员随同赴苏访问考察，中国籍此机会向苏联提出了向中国提供电气化铁路及电力机车技术资料的要求，并列入《中苏技术合作协议》条文。

随后，经国务院批准，中国组织了一个由第一机械工业部、铁道部以及高校有关专家学者组成的电力机车考察团，分成电力机车总体、机械、电机、控制、电器、工艺、引燃管及高压开关等专业组，于1957年12月赴苏联诺沃切尔卡斯克电力机车厂、全苏列宁电工技术研究院进行为期四个月的电力机车制造技术考察学习。

1969～1983年，是中国电力机车艰难的成长阶段。1969年，第一代电力机

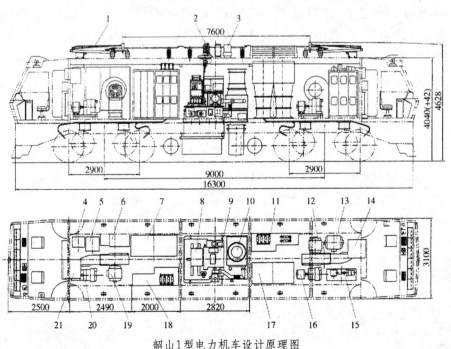

韶山1型电力机车设计原理图

车韶山1型小批量生产，此后借鉴法国6Y2型等型电力机车技术，继续不断改进，1980年图纸定型，生产出合格的机车，1988年底停产。韶山1型是中国电力机车的主型机车。韶山1型机车性能上相当于法国和苏联等国家1950年代末的产品。但是，机车及其零部件的可靠性、耐久性和质量方面有一定差距，在使用的经济性上也有很大差距。如在检修周期、部件解体范围、检修率、故障率上都有差距。

1958～1988年间，株洲电力机车厂累计生产了826台韶山1型机车。韶山1型机车在1970～1980年一度成为中国电气化铁路干线的主型电力机车，并开创了中国铁路以"韶山"命名的干线电力机车家族的生产历史，为以后中国电力机车的研制与发展奠定了坚实的基础。

⊙古今评说

韶山1型电力机车于1988年停产，共制造826台。不同年代生产的机车的车号铭牌也有区别，其中6Y1型共7台，车号为"6Y1-0001"至"6Y1-0007"；第8台至第649台韶山1型机车，车号为"韶山1008"至"韶山1649"；第650台至826台韶山1型机车，车号为"SS1-0650"至"SS1-0826"。至2000年，早期生产的韶山1型机车的使用寿命已经接近或超过30年，开始进入报废阶段，许多机车已经相继被封存或按废铁出售拆解。截至目前，仍然在使用韶山1型电力机车的铁路局只有太原铁路局。

1969至1983年间，中国共生产铁路干线电力机车348台；产量最低的是1977年，只生产6台；产量最高的是1983年，生产了56台。但是这一阶段，电力机车的开发积累了不少自行研制的经验，逐渐掌握了当时世界电力机车的先进技术，从而培养了一批人才，为中国1980年代开发相控电力机车奠定了基础。

韶山8型快速客运机车

⊙拾遗钩沉

　　韶山8型电力机车（SS8）是中国铁路目前使用的电力机车车型之一，由株洲电力机车厂与株洲电力机车研究所共同研制。韶山8型电力机车是四轴准高速干线客运电力机车，是中国第八个五年计划（"八五"）重点科技攻关项目，原设计是用于广深准高速铁路的电力机车，后成为用于中国干线铁路牵引提速旅客列车的主型机车。机车最大运行时速为170千米，最高试验时速达到240千米，至今仍然是中国国内速度最快的铁路机车。

　　韶山8型电力机车是"八五"期间国家重点科技攻关项目，由株洲电力机车厂于1994年研制成功，它的成功研制填补了我国快速客运电力机车的空白。随着电气化铁路的不断发展，韶山8型电力机车成为我国快速客运的主型机车。

韶山8型电力机车

117

韶山8型电力机车所用的牵引电动机为ZD115型脉流牵引电动机，它是带有补偿绕组的六极串励电机，采用全叠片，H/H绝缘等先进技术，持续功率900kW，机车总功率为3600千瓦。

⊙史实链接

　　1989年，中华人民共和国铁道部、中国铁道科学研究院和广州铁路局组成的联合专家组，对广深线旅客列车最高时速提高到160千米进行了前期可行性研究。1990年，根据铁道部要求，广深铁路准高速机车车辆、线路工程、信号系统、速度分级控制及安全评估试验等15项重点技术攻关研究计划开始全面执行，并将韶山8型准高速电力机车以及东风11型准高速柴油机车、25Z型准高速双层客车、25Z型准高速客车、准高速旅客列车速度分级控制、旅客列车移动电话系统，准高速铁路接触网及受流技术等专题列入"八五"国家科技攻关计划。

　　1991年，铁道部下达"关于广深线准高速SS8型电力机车设计任务书的要

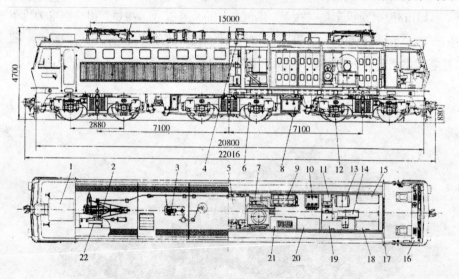

韶山8型电力机车设计图

求"，由株洲电力机车厂与株洲电力机车研究所共同设计，新型准高速电力机车定型为韶山8型电力机车，车型代号SS8，后根据广深铁路的实际要求，对设计任务书的细节进行了修正。1993年9月底，根据"客运电力机车转向架研

讨会"的要求，经再次修正确定设计指标，机车功率从3200千瓦提高到3600千瓦。

　　株洲电力机车研究所和株洲电力机车厂于1993年10月至—1994年6月，先后完成了机车总体、转向架、电器、空气管路系统、牵引电机等方面的设计工作；1994年7月开始试制，1995年2月，首两台韶山8型机车样车（SS8 0001、SS80002）竣工，1995年5月赴广铁集团韶关机务段考核运行，1995年8月正式投入牵引旅客列车。两台样车以韶山5型电力机车作为原型基础，采用Bo–Bo轴式以及应用有补偿绕组六极串励直流（脉流）牵引电动机，电机功率为800千瓦，机车持续功率3 200千瓦。1996年4～5月，株洲电力机车研究所及株洲电力机车厂按照设计要求，设计新的900千瓦牵引电机和轮对空心轴转向架，并对0001、0002号两台机车进行重大技术改造，改为采用ZD115型900千瓦脉流牵引电动机和轮对空心轴传动结构转向架，持续功率提升至3 600千瓦，满足最高运营时速170千米的要求。1996年5～10月期间，经改造后的韶山8型电力机车在中国铁道科学研究院北京环行铁道试验基地进行了型式试验，完成机车称重、受电弓特性、运行阻力、动力学性能、制动系统等方面的测试，最高试验时速达到了187千米。

　　1996年11月，韶山8型电力机车在京广铁路郑武段（郑州—漯河—武汉）间提速试验和动力学性能试验时，正线最高试验时速达到185.3千米，创下当时中国铁路既有线最高运行速度。1997年1月5日，在中国铁道科学研究院北京环行铁道试验基地进行中国铁路首次时速200千米以上的高速综合试验时，由韶山8型电力机车牵引南京浦镇车辆厂研制的25Z型双层客车，创造了最高试验时速212.6千米的记录，创造了当时的"中国铁路第一速"，时任铁道部副部长傅志寰也参与了这次试验。

　　1998年6月24日，SS8 0001机车于京广铁路许昌至小商桥区段的实验中达到239.6千米时速的记录，创下了当时的"中国铁路第一速"。这个纪录虽然在1999年被DDJ1型电力动车组打破，但韶山8型电力机车仍然是中国铁路机车中的最高时速记录的保持者。

⊙古今评说

　　完成一系列的试验后，株洲电力机车厂在1996年10～12月开始小批量生产

四、交通工具

运行中的韶山8型机车

韶山8型电力机车。1997年2月，韶山8型电力机车通过了铁道部科技成果鉴定。由于当时广深铁路电气化提速改造工程尚未完成，因此首批35台韶山8型电力机车先于1997年3月交付郑州铁路局郑州机务段，担当京广铁路郑武段的客运列车牵引任务。株洲电力机车厂根据机车实际运用情况，对机车存在的问题进行了改进，提高了机车的可靠性，并于1997年7月正式批量生产。1998年根据铁道部文件的要求，韶山8型电力机车加装了DC600V列车供电装置，1999年又进行了机车双管供风改造。

韶山8型电力机车于2001年停产，共累计生产245台。韶山8型电力机车是用于准高速干线客运的交直传动相控电力机车，它是八五期间国家重点科技攻关项目，原设计用于广深线准高速铁路，现已用于我国主要干线电气化铁路快速客运。韶山8型电力机车对推动我国客运准高速及高速机车的发展具有重要意义。

交流传动电力机车

⊙拾遗钩沉

　　20世纪70年代末，由西德BBC公司开发的第一台交流传动电力机车E120一问世，就立即显示出交流传动电力机车的巨大优势。20世纪80年代，随着大功率可关断晶闸管（GTO）和微机控制技术的发展，交流传动电力机车产生了新的飞跃，其技术更趋成熟与完善。

　　为赶上世界先进水平，1996年6月，中国自行研制的第一台交流传动电力机车——AC4000交-直-交流电力机车原型车诞生，至此，我国电力机车从直流传动向交流传动跃进。交流传动机车可靠性高、维护检修少、上线运用率可高达95%。与交-直流传动机车相比，在相同编组的情况下，机车自身电耗降低15%～20%，网侧损耗降低30%～40%，机车寿命期成本（静

中国自行研制的第一台交流传动电力机车

态）可降低30%～50%，并且全寿命期总运用里程高出11%左右，同时还具备较大的扩充编组的潜能。机车无论前进、后退、牵引、制动，均不需要机械转换开关；主电路简化，有完备的微机控制系统，司机室有反映各种信息、部件工况和故障诊断检测显示荧屏。机车的最大时速为120千米，轴式CO-CO。

⊙史实链接

交流传动电力机车是中国第四代电力机车，1996年株洲电力机车厂和株洲电力机车研究所等联合研制出AC4000型三相交流传动机车原型车，此后，该机车进行各种试验。2000年，在AC4000型机车基础上，株洲电力机车厂和株洲电力机车研究所等联合研制出DJ型三相交流传动电力机车。此后，开始进行各种试验和试运用。2001年，西门子股份公司为中国铁路设计制造出DJ1型三相交流传动电力机车，并开始批量生产。2001年，株洲电力机车厂等在DJ型和DJ1型三相交流传动电力机车基础上，研制出DJ2型三相交流传动电力机车。2002年8月，株洲电力机车厂等在DJ2型等三相交流传动电力机车基础上，研制出DJJ2型（"中华之星"）高速电动车组的交流传动动力车试制出样车。DJ型、DJ2型和DJJ2型等交流传动机车，性能上相当于法国、西德和瑞典等发达国家1990年代初的产品。

中华之星机车

1984～2002年间，中国大约生产铁路干线电力机车3700台，其中，株洲电力机车厂共生产2700多台，株洲电力机车厂共生产1000多台。株洲电力机车厂1999年生产179台，产量最低的年份是1984年，生产了80台，产量最高的是1996年，生产了99台。株洲电力机车厂1990年开始生产电力机车，当年生产2台，2000年的产量达到了139台。

⊙**古今评说**

　　中国电力机车发展过程有以下几个特点：首先是在2000年以前，中国铁道部既是铁路经营主体，又是铁路修建、机车车辆制造主体，还主办铁路科研和国家有关铁路的中等高等教育。二是电力机车产品开发，以工厂和研究所联合开发研制为主。三是1990年以前开发的产品，系列化、标准化、简统化差，各型机车的主要零部件不通用，几乎一个型号一个样子。例如，牵引电动机电压不统一，有低压750伏、中压1000伏、高压1500伏三种，导致不同电压的机车许多零部件不通用，给机车开发制造、使用、维护修理带来很多困难，经济效益差。1990年代以来，铁道部开始电力机车的简统化，标准化、系列化工作，诸如主电路标准化设计，整流采用两段桥或不对称三段桥，牵引电动机电压统一为1020伏，机车车体采用统一结构。四是中国电力机车研制历程是

AC4000机车

仿制到独立自主设计制造，再到消化吸收引进技术，自主设计制造更高水平的机车。

　　AC4000机车的诞生是我国机车电传动发展史上继直流传动、交直传动之后的一个新里程碑，为赶上世界先进水平打下了基础。

四、交通工具

五、中国交通史上的人物

法显西行

⊙拾遗钩沉

　　法显俗姓龚，平阳武阳（今山西沁县东南）人，是中国佛教史上的一位名僧，也是中国第一位到海外取经求法的大师。法显20岁时受大戒，遍读国内经文，他感慨于国内经文不全，立志赴佛教的发源地印度求取。公元399年，法显从长安出发，踏上了西行的旅途，穿越大戈壁，经西域诸国，前往遥远的天竺寻求佛门律法。法显用了整整三年的时间，历经无数艰险，来到理想中的佛国，同行九人，或死或返，只剩法显与道整。

　　在一个乱世里，生存尚且不易，更何况穿越万里关山，要向着不知终点的远方前进。法显为了求得经文，一路上经历了千辛万苦。这是一条漫长、艰苦、充满危险的旅程，有些人半途而返；有些人死在途中；有些人幸而到达目的地。但当法显到达印度时，那里的佛法业已经开始凋零了，在一片迷茫中法显开始四处求法，真正的佛法难觅踪影。法显为了求得经书律法，完成了自己的夙愿，在摩竭提国巴连弗邑居住了三年，求到了经律论六部，为了翻译经文，他开始学习印度文字。道整不再返回中国，留居印度。公元411年，法显满载真经独自踏上了东归祖国的商船，在海上经历了生死的考验。公元413年，

法显雕像

126

法显排除万难回到建康（今南京），前后用了14年多的时间，足迹踏遍30余个国家，终于回到了中国。

重回故土的法显并没有感到轻松，他深知自己责任重大，要将自己所得所学传播四方，以整顿我国佛法混乱的状况。于是，已近耄耋之年的法显用生命中最后的时间完成着这个重任，并把自己的经历记录下来，这就是我们今天所知的《佛国记》，也称《法显传》。《佛国记》开启了观察外界的另一扇窗子，是后人了解当时沿途佛教情况的重要文献，对后来僧侣西行求法具有重要的指导意义。

⊙史实链接

佛教是古印度的宗教，创于公元前6世纪。伴随着使节商旅，佛教从西域陆路和南海海路传入中国。海上丝路既是古道通商要道，也是佛法传播之路。法显是一位卓越的佛教革新人物，也是杰出的旅行家和翻译家。

公元399年，法显从长安出发踏上了西行的旅途，翻山越岭，穿过沙漠，进入北印度境内，那时，同行九人中只剩法显与道整两人。当昔日一起求法的同伴相继离去，法显难掩内心悲痛与彷徨，但法显没有忘记自己的使命与理想，始终没有停下求法的脚步。为求得佛法，他在摩竭提国巴连弗邑居住了三年。之后，法显继续前往其他国家巡礼佛迹，参谒圣地，取得的经文主要有《弥沙

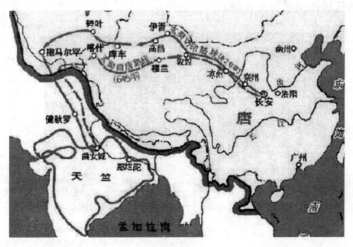

法显行程图

塞律》《长阿含》《杂阿含》《摩诃僧祇律》《萨波多律》等，为我国佛经的发展做出了重要的贡献。

法显自公元399年离长安，公元413年沿海路返回建康，共历时15年，取回了中国旧日所无的大小乘三藏中的基本要籍十余部，

公元416年，法显撰成《佛国记》一书，书中详细记述了西行求法的经过，记载了许多原始的佛教资料。这是中国古代第一部以亲身经历介绍印度和斯里兰卡等地的地理、社会、历史情况的旅行记。

为了表达对法显的尊重和爱戴，1981年，斯里兰卡政府决定把卡卢特勒一个山村命名为"法显石——斯中友谊村"。距离村庄不远的山上有一个山洞，人们称为"法显洞"，传说当年法显曾经在这里居住过，参悟佛法，附近居民经常到此礼拜。

⊙古今评说

法显西行不仅促进了我国佛教文化的发展，还增强了中西人民的友好往来。梁启超说："法显横雪山以入天竺，赍佛典多种以归，著《佛国记》，我国人之至印度者，此为第一"。在法显之后，不少中国僧人前往西天礼佛求法。他们越过戈壁沙漠，穿越中亚细亚的平原和高山，翻过喜马拉雅山，进入天竺佛国。这些高僧大多效仿法显，不畏千辛万苦，从陆路或海路返回祖国，为佛教的传播作出了巨大贡献。

法显著作《佛国记》

法显是一位卓越的佛教革新人物，也是杰出的旅行家和翻译家。法显旅行的经过以及其个人的旅行记录《佛国记》，不仅对后来僧侣西行求法有指导意义，而且也保留了丰富的"海上丝绸之路"史料，受到东西方学者的广泛重视。

张骞通西域

⊙拾遗钩沉

　　张骞，字子文，是西汉时期著名的旅行家、探险家，也是中国历史上第一位有影响的对外友好使者。他不畏艰险，两次出使西域，沟通了亚洲内陆交通要道，与西欧诸国正式开始了友好往来，为丝绸之路的开拓做出了重大的贡献。

　　西汉时期，随着政治的统一和中央集权进一步加强，社会经济得到恢复和发展，并进入了繁荣时代的"文景之治"，国力强盛。汉武帝时期，为了抗击匈奴，派遣使者张骞前往西域，联合大月氏。这是张骞第一次出使西域，虽然

西汉时期著名的旅行家张骞

没有达到联合大月氏对抗匈奴的目的，但是使汉朝接触到西域各国的风土人情，为后来西汉政府设置西域都护府，使西域正式归西汉政府管辖打下了基础。

在汉代以前，西域对中原人来说是十分陌生的神秘地方。后来，人们逐渐从东西往来的商人的描述中，才能了解到西域的一些情况，但并不详细。因为通西域要经过匈奴人掌控的河西走廊，危难重重。但张骞不畏艰险，两次出使西域，使汉朝开始对西域各国有所了解；汉朝与西域建立了友好关系。

之后，张骞劝汉武帝联合乌孙（今伊犁河流域）。于是武帝任命张骞为中郎将，不仅率领300人的使团，还带去了无数的马匹、牛羊及金帛万数，浩浩荡荡出使西域。这是张骞第二次出使西域，此时匈奴势力已被逐出河西走廊，因此道路一路畅通。张骞出使西域促进了东西经济文化的广泛交流，开拓了从我国甘肃、新疆到今阿富汗、伊朗等地的陆路交通，即著名的"丝绸之路"。

⊙史实链接

汉武帝时期，北方的匈奴成为汉朝强大的劲敌，汉武帝雄心壮志，一心想

张骞出使西域壁画

打败匈奴，无奈每次抗击匈奴总没有达到想要的结果。为了消除匈奴的威胁，汉武帝产生了派遣使者前往西域，联合西域各国，特别是与匈奴矛盾重重的大月氏（今乌兹别克、塔吉克）的想法，以共同讨伐匈奴，一举将其歼灭。当时匈奴对西域各国都造成了威胁，并长期对他们压迫。

通西域就必须经过河西走廊，而当时的河西走廊处于匈奴的控制之下。为此，汉武帝"乃募能使者"。张骞"以郎应募，使月氏"。由于带有重大的政治目的，自然会受到匈奴的阻挠，艰险不断。张骞由匈奴人甘父作向导，踏上了通西域的道路。第一次出使西域时候，率领的使团随从一百人，返回时，只剩甘父一人同行，付出了很高的代价。张骞在通西域的过程中遭遇到重重磨难，中途被匈奴所俘，匈奴为笼络张骞，为他娶妻生子，一扣就是十年，但这不能动摇张骞完成通西域使命的决心，带去的旌节一直留在身边。后来，张骞趁机逃跑，取道车师国，经过了许多西域国家，才来到了大月氏。但是大月氏由于开辟了新的国土，不想与匈奴人对抗，因此张骞在大夏等地考察了一年后回国。回国途中，他不幸再次被匈奴人捉住，后来趁着匈奴内乱才得以脱身。

张骞在外面足足过了13年才回国，张骞向汉武帝详细报告了西域各国的情况。汉武帝认为他出使西域立了大功，虽然没能达到联合大月氏抗击匈奴的目的，但是张骞以汉朝使者的身份，沟通了汉朝与西域各国之间的联系。回国后，汉武帝任命张骞为太中大夫。

之后，汉王朝为了进一步联络乌孙，断"匈奴右臂"，便派张骞再次出使西域。这是张骞第二次出使西域，不仅到了乌孙，还与其他的西域各国建立了友好的联系。那以后，汉武帝每年都派使节去访问西域各国，西域派来的使节和商人也络绎不绝。中国的丝和丝织品，经过西域运到西亚，再转运到欧洲，后来人们把这条路线称作"丝绸之路"。

⊙古今评说

张骞是我国历史上第一个走出国门的使者，人们把张骞的两次出使西域，称为"张骞凿空"，意思是"开通大道"。张骞虽然两次出使都未达到结盟的政治目的，但是打开了当时人们的视野，建立了汉王朝与西域各国广泛的经济文化的联系。西域开通以后，它的影响远远超出了军事范围，从交通、经济、外交的状况来看，都产生了重大的影响。特别是在交通方面，不仅发展了中西交通，也对汉武帝开发大西北起到了重要的作用。

张骞作为一个伟大的先行者，在开拓丝绸之路发展中西交流上起了很重要的作用。"丝绸之路"把西汉同中亚许多国家联系起来，促进了它们之间的经济和文化的交流。

玄奘西行

⊙拾遗钩沉

玄奘原名陈祎，祖籍河南洛州缑氏县，是唐朝著名的三藏法师，为了深入研究佛法，玄奘"冒越宪章，私往天竺"，排除重重困难，一路西行，最终到达佛教发祥地印度，详研佛法，翻译佛经，成为是汉传佛教史上最著名的译经师之一。

玄奘13岁时在洛阳净土寺出家为僧，法号玄奘，并立下誓言将佛法发扬光大。于是玄奘和尚走遍了中国的长江和黄河流域的寺庙，向许多位得道高僧学习佛经，但是各寺的佛经是由印度引入，在引入时候翻译的讲解、注释各不相同，互有出入，而且有许多佛经还没有翻译成汉文，因此常常使玄奘感到困惑。佛法博大精深，要想更深层次地研习

玄奘塑像

佛法，就必须要到佛教的发源地印度。于是玄奘决心前往印度，游览佛教圣地。

玄奘西行，并得以在印度佛学界的最高学府那烂陀寺修业，又到印度各国有名的学者那里去游学。在历时18天的曲女城（今印度格瑙杰城）大会上，玄奘作为代表参与辩论，立大乘宗要，破各派异见，终于取得了全胜。此举不但名扬全印度，还统一了印度十八部派佛学，成为佛教史上的千古盛谈，至今仍为佛教人士津津乐道。中国著名古典小说《西游记》中心人物唐僧，正是以玄奘为原型。

玄奘西行历时了18年零5个月，行程总计5万余里。不仅从印度带回了佛

经、佛论、舍利子、佛像等，还掀开了中国佛教史对外交流的光辉篇章，为我国乃至东方佛教传播作出了重要的贡献。

⊙史实链接

玄奘生于公元602年，本名陈炜，十多岁时出家当了和尚。因为感到佛教各派学说经常出现纷歧，玄奘便决心至佛教的源头天竺学习佛法，精读佛经的原本。贞观元年（公元627年）玄奘和其他的僧侣一起陈表，请唐太宗批准其西行求法，但没有得到唐太宗的批准。尽管没有得到皇帝的批准，玄奘却决心已定，于是做出了一个"冒越宪章，私往天竺"的大胆举动。

玄奘从长安的寺庙出发，一路长途跋涉，西行期间遇到了重重困难，但都没有使他打退堂鼓。经过长途跋涉，玄奘最终到达了印度，来到了印度的最高学府——那烂陀寺修业。那烂陀寺的长老是年老德劭的戒贤法师，玄奘在印度期间，经过戒贤法师的严格考察，被授予"三藏法师"的称号。"三藏法师"是佛教的等级法师的称号，根据学识决定，要精通五十部经论的人才能称为"三藏法师"。在那烂陀寺学习的四千多名和尚中，获得这种高贵称号的，当时只有九人。现在增加了玄奘，正好是十人。因为玄奘是中国唐朝去的，所以印度的人们都称他为大唐三藏法师。

贞观十九年，玄奘回到了长安，史载当时"道俗奔迎，倾都罢市"。不久，玄奘受到了唐太宗的接见，唐太宗劝其还俗出仕，但玄奘拒绝了，之后召集各地名僧，在长安弘福寺一起翻译佛教经文。公元664年，玄奘圆寂于长安玉华宫，葬于白鹿原，后迁至樊川。

⊙古今评说

玄奘西行为我国乃至东方佛教传播作出了重要的贡献，增进了我国和印度的文化交流。传播是双向的，玄奘不但是把梵文佛经译成汉语，而且还把中国古代著作介绍到外国，让外国人了解我国辉煌的古代文化。在印度，他被公认为佛学集大成者，称为"大乘天"和"解脱天"。回国后，他宣扬佛法，加强了当时佛教在大唐的影响力。他穷毕生精力，以19年之功亲自翻译了75部佛经，且创立了法相宗。

玄奘从长安的寺庙出发，一路长途跋涉，西行期间遇到了重重困难，但没有半途而废，对佛教的热爱使他最终坚持了下来。1300多年来，中印两国人民把玄奘法师视为两国友好的象征。玄奘法师不愧是汉传佛教史上最著名的译经师之一。由玄奘口述、辩机记录的游记《大唐西域记》，开扩了当时国人的视野，使他们更加了解世界，同时也是研究印度、尼泊尔、巴基斯坦、孟加拉国以及中亚等地古代历史地理之重要资料。

玄奘西行壁画（局部）

日本遣唐使

⊙拾遗钩沉

公元7世纪初，日本为了学习中国文化礼仪，推动日本经济、文化水平的发展，先后向唐朝派出十几次使团，这些使团被称为日本遣唐使。唐代是中日两国关系史上最友好亲密的时期，两国有正式的国交，政府互派使节往来，因为次数之多、规模之大，有些日本学者甚至称这个时期为"遣唐使时期"。

唐代是我国历史上文化高度发达和繁荣的时代，日本派出遣唐使，财力负担很重。从任命使臣到出发，准备两三年的时间，而准备的物资包括船只、礼品、衣粮、药物、薪俸、金银等。遣唐使臣到达长安以后，参观访问和买书购物的一切花费由唐朝官府供应。一般日本遣唐使每次都会在长安和其他地方逗留一年左右，充分领略唐朝风土人情。

在日本遣唐使归国之前，官府会举行饯别仪式设宴畅饮。唐朝政府为了表现泱泱大国的风度，除了优待使臣外，还会给日本赠送大量礼物，使日本遣唐使满载而归。日本遣唐使对推动日本社会的发展、促进中日友好交流都做出了

日本遣唐使船队

巨大贡献，可谓是中日文化交流史上的空前盛举。

⊙史实链接

日本派遣使者前往中国的源头在隋朝，但是在唐朝得到了兴盛。隋朝时，日本派遣留学生前往学习中原文化礼仪。当中国进入唐朝时期，日本派遣到隋朝的留学生福田等人先后从中原返回日本。唐代是我国历史上文化高度发达和繁荣的时代，日本使者亲眼目睹了唐代的繁荣富强，于是极力宣扬"大唐国"的文化以及社会的繁荣、法律的完备等。这就引起了"遣唐使"的派遣。日本派遣使者的主要目的是输送留学人员去向中国学习先进的文化、宗教、法制、教育等。

中日两国交往最频繁的时期是在公元630～894年，这期间共派出遣唐使19次。唐帝国经济文化空前繁荣发达，成为东亚最强大的帝国，声威远扬，对日本和亚洲各国都有巨大吸引力。日本频繁派出遣唐使，了解唐朝先进的文化，朝野上下对中国文化更加仰慕向往，出现学习模仿中国文化的热潮。

日本遣唐使自公元630年第一次派遣直到公元894年停止派遣，遣唐使团在不同时期，组织、规模、交通路线都有很大变化。遣唐使的规模初期是在一二百人左右，仅一二艘船。随着日本经济的发展，遣唐使团十分活跃，到了中、后期使团的规模不断扩大，平均约五百余人，需要四艘船。据统计，最多时，是公元838年，日本遣唐使团第十八次出使唐朝，人数竟达651人。使团成员的身份一应俱全，俨然成为一个小型社会团体，包括大使、副使，及判官、录事等官员，还有文书、医生、翻译、画师、乐师等各类随员和工匠水手。遣唐使的目的在于向中国学习，吸取唐朝文化，因而很重视使团人员的选拔，特别是大使、副使、判官、录事等官员。此外，为了推进两国文化的发展，遣唐使团每次都会带上大量留学生和学问僧。

日本派出的遣唐使总数为19次，但实际到达唐朝的共13次。经过多次出使，遣唐使团研究出了相对简便的路线，船队沿朝鲜半岛西

日本遣唐使抵达唐朝

岸北行，再沿辽东半岛南岸西行，跨过渤海，在山东半岛登陆，再由陆路西赴洛阳、长安。由于这条航线大部分是沿海岸航行，比较安全，船只遇难情况较少。他们在中国巡礼名山，求师问法，带回大量佛经、佛像、佛具等，同时传入与佛教相关联的绘画、雕刻等，对促进日本文化的发展起了作用。

⊙古今评说

日本遣唐使对日本的经济、文化、政治建设作出了重要的贡献，最大的贡献是引进唐朝典章律令，推动日本社会制度的革新，如"大宝法令"即以唐代律令为规范制定的。

遣唐使于公元895年废止，延续了270余年的日本遣唐使在历史上落下了帷幕。其原因主要有三个，一是唐朝政局动荡不安、战乱频繁；二是经过200多年的吸引移植唐代文化，已基本上完成日本经济、社会的改革，三是每次遣唐使耗费巨大，加上路程艰辛，也令日本的使臣感到畏惧。

以遣唐使为主要方式的中日交往，堪称是中日友好往来与文化交流成功的一个光辉范例。遣唐使对唐的赠品和唐朝的答礼，实际是两国之间互通有无的贸易。随着日本萌生俱有日本特色的国风文化，对中国文化学习的需求已不那么迫切，遣唐使最终废止，但是它对日本的影响依旧深渊流长。遣唐使从唐朝吸取的精华，渗透到日本的思想、文学、艺术、风俗习惯等各个方面。

郑和下西洋

⊙拾遗钩沉

郑和，原名马三保，回族人，是中国明代著名的航海家、外交家。明朝初期，太监郑和奉明成祖朱棣之命，出使七次下西洋，其时间之长、规模之大、范围之广都是空前的，对明朝的外交以及航海事业的发展做出了巨大的贡献。民间故事《三宝太监西洋记通俗演义》将郑和下西洋的旅行探险称之为"三宝太监下西洋"，一时传为美谈。

中国是世界航海文明的发祥地之一，具有悠久而灿烂的航海传统和文化，明朝时期航海技术得到了很大的发展，这为郑和下西洋打下了良好的基础。在郑和下西洋

郑和雕像

前，中国周边的国际环境动荡，主要表现在东南亚地区各国相互猜疑，互相争夺。一方面直接影响中国南部的安全，一方面极大影响了明朝的国际形象，不利于明朝的稳定和发展。于是明成祖朱棣派遣郑和率领使团下西洋，不仅为了加强与东南亚各国的联系，也是为了维护海上交通安全。

郑和下西洋的船队规模庞大，是当时世界上最庞大的船队。第一次出使下洋时，船只达240多艘，随行的有水手、翻译、医生和护船的兵士，共27 800多人，规模之大，令人惊叹。在随后的28年间，郑和七下西洋，不仅遍访西太平洋和印度洋的30多个国家和地区，还加深了中国同东南亚诸国的友好外交关系。郑和下西洋的主要目的是和平外交。作为明朝的使者，郑和每到一个国家和地区，都会带上丰富的礼品，拜会当地的国王或酋长，向他们表示和平外交、友好通商的诚意。除了与各国政府进行联系之外，郑和还同各国商民交换货物，平等贸易，用中国的丝绸、瓷器等特产购回当地的象牙、宝石、珊瑚、

香料等，促进了中外的商品流通。

⊙史实链接

15世纪初，明朝国势日
渐强盛，中华文明随之进入
鼎盛时期。郑和七下西洋是
明朝的社会、经济发展迅
速、文化发达的重要标志之
一。郑和七下西洋是一次带
着政治目的，建立在发达的
古代中华文明基础之上的

郑和第一次下西洋

远航。在宋代，中国的造船技术就领先于世界上的其他国家，到明代，随着社
会经济的发展，造船技术工艺发达，航海技术、船队规模、航程之远等均领先
于同一时期的西方国家。在航海技术先进的条件下，明成祖朱棣派遣郑和下西
洋，郑和率领着浩浩荡荡的船队，载着中华文明的成果，一路西进，连续开展
了七次标志性的远洋航行，传播先进的中华文明。

明成祖时期，中国居于世界舞台的中心，国家强盛统一，政治较为清明。
政府致力于恢复和发展中国与海外诸国的友好关系，于是开展大规模的外交和
外贸活动。郑和下西洋的船队是一支规模庞大的船队，完全是按照海上航行和
军事组织进行编成的。白天用指南针导航，夜间则用观看星斗和水罗盘定向的
方法保持航向。郑和率领庞大船队，对外宣示实力，发展同各国的关系，但从
来没有把实力用于侵略扩张，而是用于传播友谊、实现和平的目的。因此，受
到东南亚各国的欢迎。

郑和第一次下西洋是在1405年7月11日，从南京龙江港启航，经太仓出海，
历时两年，第一次下西洋人数有27 800人。最后一次下西洋则是在1431年，返
航途中，郑和因劳累过度在印度西海岸去世，船队由太监王景弘率领返航。在
七下西洋中，郑和曾经到过30多个国家和地区，包括爪哇、苏门答腊、苏禄、
彭亨、真腊、古里、暹罗、阿丹等，为明朝的外交、贸易事业做出了巨大的
贡献。

⊙古今评说

郑和七下西洋是中国历史上一个标志性的重大事件，表现了中国古代人民的伟大智慧，将中国古代文明传扬于世。郑和下西洋更从另一个角度折射出当时中国的先进航海技术。表面上这是一种文化传播活动，形式上却是经贸活动，本质上是政治外交活动。郑和著有《郑和航海图》，这本图集制图范围广，内容丰富，是世界上现存最早的航海图集。

中国是一个注重中外交流的国家，有对外开放的传统。郑和七下西洋为推进世界文明的进步发展，作出了巨大贡献。经国务院批准，自2005年起，每年的7月11日为中国"航海日"，同时也是"世界海事日"在中国的实施日期。

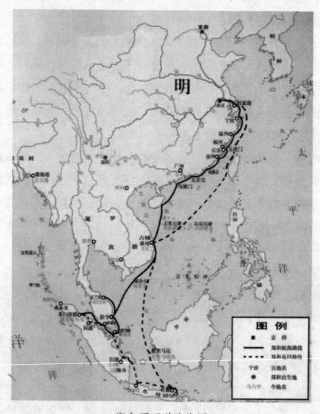

郑和下西洋路线图

张居正与驿传改革

⊙拾遗钩沉

张居正，字叔大，号太岳，是我国历史上优秀的内阁首辅之一，也是明代最伟大的政治家、改革家，被后人誉为"救时宰相"。他的"一条鞭法"是明代赋役、吏治的一项重要改革，在驿传方面，他也进行了一系列的改革，影响深远。

古代交通不便，虽有车马，但行驶速度有限，加上中国幅员辽阔，道路往返通常需要很长的一段时间，这就促使了驿传制度的产生。中国古代由政府设置，供使臣出巡、官吏往来，以及传递诏令、文书等使用的交通组织系统，称为驿传。驿传制度在我国已经有了很长的一段时间，政府每年要给予驿站巨额的交通补给。

万历首辅张居正

大明开国后，承袭唐宋朝廷旧制，全国各地建有数百个驿站。这些驿站负责官员的赴任及出差的食宿接送，费用由驿站进行报销。因为驿站的交通工具是驿车、驿马，于是长年供用的轿马佚役，就地征派。这不但造成了很大的浪费，而且官员经常公权私用，利用邮驿，大肆挥霍。大明的驰驿制度，已日渐变成国家财政的重大负担。财政取之于民，这就给老百姓带来了很大的负担。

在这种情况下，为了便于军情急务、公文往来的需要，明朝一些正直官吏主张对驿传制度进行改革、整顿。张居正实行"一条鞭法"的改革措施，不但

143

在赋役、吏治方面进行改革，也在驿传方面进行严厉的整顿和改革。"查驿传，减徭编，省冗员，惩贪墨。"张居正的驿传改革，是我国邮驿史上的一件大事。

⊙ 史实链接

中国古代驿传制度历史悠久，封建社会全国公文往来的大动脉，始于汉朝，在唐代以后，有了进一步的发展，其作用相当于现在的接待站兼邮政局。通常十里一亭，五里一邮。驿、亭、邮层层分级，可将文书诏令迅速送达任何地方。因为地域辽阔，使用的交通工具主要有驿车、驿马和驿船。皇帝颁发的诏令文书，都由驿传负责递送到各省及边远地区，各省衙门的文书往来，也都通过驿传递送。

明代的驿传还为使臣、信差、官员的往来提供便利的食宿条件。此驿传制度，有其天然的弊端，至万历初年，各色官员的'公务'出行扰民严重。官员凭着通行证，在驿站的吃、喝、住、行一律免费，长期以往，驿站已经失去其原本的职能，成为官员们敲诈勒索游饮宴乐的腐败场所。张居正上台以后，从限制官员的驰驿特权入手，对驿传制度进行一系列改革，如：规定非公务任何官员不得侵扰邮驿；除邮驿供应外，不许擅派普通民户服役等等。张居正改革严厉，以身作则，政令不行者，严处。在这种情况下，各地官员不敢违抗，一时间大大降低了邮驿的经费开支，也就减轻了人民的负担。据统计，经过整顿后，全国共省减邮驿经费1/3左右。

古代驿站遗址

在认真吸取历朝历代改革成败的基础上，张居正坚持从维护法令的权威性，提高法令的执行力入手，驿传制度一年时间内被治理得秩序井然。不仅革除了邮驿之弊，为朝廷省下了一笔巨额开支，也矫正了官员们徇私舞弊的作风。

清代后期，随着铁路、轮船、电信、邮政等新事物逐渐自西方传入，传统驿传制度日渐衰微。1906年，清政府设立邮传部，标志着古代驿传制度正式退出了历史的舞台。但明代张居正对于驿传制度的改革，依旧在中国历史上留下了光辉的一笔。

明朝时期，由于驿传制度带来的大量弊端，不仅增加了国家财政负担，而且置人们于水深火热之中。作为一名以革除弊政、富民强国为己任的改革家，张居正担任首辅以后，大刀阔斧地推进了邮驿改革。

张居正出台政策严格管制"通行证"发放的改革制度，以至于欧洲文人学士，无不欣慕向往，佩服中国交通邮传井井有条。但由于明朝政府的落后、腐朽，张居正的改革并不能从根本上解决驿传问题。特别是在他死后，生前的一些改革措施就全被废除了，旧风复燃，愈演愈烈，驿传又回到了"公务"免费通行的混乱状态中。

慕生忠将军：开凿天路的人

⊙拾遗钩沉

慕生忠将军是陕西吴堡人，1955年被授予少将军衔。走在青藏线上，总有一个人的名字被人们不断提起。有人说他是青藏公路的缔造者，又有人说他是格尔木的奠基人，他就是慕生忠将军，他的一生与青藏公路离不开，而在青藏高原的许多地方，也都留下了他的印记。他是我国著名的"青藏公路之父"。

"青藏公路之父"慕生忠将军

青藏公路全长1937千米，起于青海省西宁市，止于西藏拉萨，于1950年动工，在1954年通车，只历时了四年时间。这是世界上海拔最高、线路最长的柏油公路，也是目前通往西藏里程最短的公路。青藏公路没有开通之前，西藏由于地势险峻，周围都是高山大川，因此一直处于闭塞的状态。

青藏公路还没有开通之前，慕生忠将军两次骑马进藏，艰难的进藏经历，让他萌生了一个大胆的想法：要在号称"世界屋脊"的青藏高原修筑一条现代公路。由于西藏险峻的地理环境，沿线气候条件恶劣，千百年来一直采用人背畜驮的落后的交通方式。1950年初，中国人民解放军挺进西藏，这支英雄的军队一面进军，一面修路。有人说，"没有青藏公路就不会有青藏铁路，而青藏公路是慕生忠将军和他的战友们用双脚踏出来的。"慕生忠将军率领两千多名官兵向世界屋脊进发了，历经艰险、排除万难，用7个月零4天就切断25座横亘的雪山，全线打通了格尔木市至拉萨1 200千米的道路。同时，他们还打通了敦

（煌）格（尔木）公路。因此，人们把慕生忠将军誉为"青藏公路之父"。

修建青藏公路是我国公路史上最伟大的工程，这条通往天堑的路使得西藏人民与外界的联系日益紧密，开创了西藏交通事业发展的新篇章。

⊙ 史实链接

在青藏公路没有开通之前，西藏在人们眼中一直是神秘的。因为进藏的路途艰难，只能靠骑马这样落后的交通方式进藏。新中国成立之后，慕生忠将军骑马进藏的经历让他感到忧愁。第一次是1951年，慕生忠将军奉命进军西藏，和平解放西藏。第二次是1953年春天，他再次奉命组织运输总队，进藏执行紧急运粮任务。号称"沙漠之舟"的骆驼，自古往返于丝绸之路，如今又在默默地为青藏高原军民服务于千里运输线上。入藏之艰难使慕生忠将军萌生了要在号称"世界屋脊"的青藏高原修筑一条现代公路的设想。1953年，慕生忠把修筑青藏公路的设想汇报给彭德怀，得到了大力支持。

1954年5月11日，慕生忠将军率领带领19名干部、1 200多名民工和战士向世界屋脊进发了。西藏的气候异常恶劣，高山反应更是给修路的人们带来了异常大的困难。但在慕生忠将军的带领下，人们排除万难，仅仅用了7个月零4天的时间，就打通了从格尔木市前往拉萨共1 200千米的路，这不仅在我国公路史上罕见，在世界公路史上也是十分罕见的。

1955年10月，慕生忠带领铁道部的工程师，开车沿青藏公路进藏，进行实地调查。因为打通了青藏公路，铁道部在1956年正式承担修建进藏铁路的前期规划，开始勘测设计工作，这才有了现在的青藏铁路。

正在建设的青藏公路

⊙ 古今评说

青藏公路被称为是"天

路"、"世界屋脊上的苏伊士运河"、西藏"生命线"。青藏公路的建成。彻底改变了青藏高原的骆驼时代，进入了汽车时代，更为现在的火车时代打下了基础。这一切离不开慕生忠将军的功劳。1994年，慕生忠将军逝世，逝世前他留下遗言，要把他的骨灰撒在青藏高原的昆仑山上、沱沱河畔。

时至今日，当人们坐汽车、坐火车从格尔木出发前往拉萨时，不会忘记曾经的筑路英雄们在雪域高原的艰辛，他们，用铁一样的双手创造出了天路的奇迹。人们也不会忘记慕生忠将军为青藏交通事业所作出的巨大贡献。.

在青藏公路经过的很多地方，当年由于人踪罕至，因此没有地名。于是，慕生忠将军给这些地方取了地名：望柳庄、雪水河、西大滩、不冻泉、五道梁等。这些在青藏线上已经耳熟能详的地名，无一不寄托着慕生忠将军对这片土地的深厚感情。

今天的青藏公路

中国铁路之父——詹天佑

⊙拾遗钩沉

詹天佑，字眷诚，号达潮，生于1861年，是广东省南海县人。他是中国清末的近代铁路工程专家，也是我国首位铁路总工程师，被称为"中国铁路之父"、"中国近代工程之父"。

詹天佑一生最大的贡献，就是他成功地修筑了京张铁路。从北京到张家口这一段铁路，穿过八达岭，全长200多千米，是联结华北和西北的交通要道，工程艰巨。当清政府决定兴建我国第一条铁路京张铁路（北京至张家口）时，英俄两国都想插手，从清政府的口袋里赚取巨额的利益，但遭到了中国人民的强烈反对，使得他们的企图没能得逞。

于是英俄两国决定让清政府自己修建铁路。詹天佑毅然担当起总工程师，在花费少、时间短的情况下，使铁路修筑成功。这是第一条完全由我国的工程技术人员设计施工的铁路干线。

为了克服陡坡行车的困难，詹天佑独具匠心，创造性地运用"折返线"原理，在山多坡陡的青龙桥地段设计了一段"之"字形线路，保证火车安全爬上八达岭。这是我国铁路建设史上第一次的"之"字形设计，不但减少了隧道的开挖，还降低了坡度，对日后铁路建设影响深远。

⊙史实链接

詹天佑出生的时代，清朝政府腐败无能，内忧外患，被列强的坚船利炮打开辽阔海域疆土，丧失领土，任列强宰割。1872年，12岁的詹天佑到香港报考了清政府筹办的"幼童出洋预习班"，踏上了留学美国的旅途。国外科学技术的巨大成就，机器、火车、轮船及电信制造业的迅速发展，使詹天佑赞叹不已，并下定决心"今后，中国也要有火车、轮船"。詹天佑在留学期间，勤奋好学，毕业于耶鲁大学土木工程系，专攻铁路工程。

　　回国后，詹天佑满腔热忱，想要把所学本领贡献给祖国的铁路事业，为祖国的发展奉献出自己的力量。但是詹天佑受到了阻碍，由于清朝封建落后，一些顽固派极力反对在国内修造铁路，这使得詹天佑英雄无用武之地。于是，詹天佑被迫入马尾船政前学堂改学驾驶海船，并成为"扬武"旗舰的炮手，参加了马尾海战。

京张铁路修建时的老照片

　　1887年，"中国铁路公司"在天津正式成立。第二天，詹天佑由一起留美的老同学邝孙谋的推荐，到中国铁路公司任工程师。在修建铁路上，清政府洋务派官员迷信外国，一味依靠洋人。为了打破现状，詹天佑知道他需要一个展示才华的机会，在开始负责修筑塘沽到天津的铁路时候，詹天佑仅用70多天就完成了铺轨工程的任务。

　　1905，清政府提出修筑京张铁路，帝国主义国家出来阻挠，为进一步控制我国的北部，纷纷争夺这条铁路的修筑权。张家口是北京通往内蒙古的要冲，南北旅商来往之孔道，向来为兵家所必争，是张库大道的要塞。英俄双方争持不下，最后达成协议，由中国人自己修建铁路。于是清政府派遣詹天佑担任铁路总设计师。詹天佑不敢懈怠，亲自勘察，选定路线。铁路要经过很多高山，不得不开凿隧道，其中数居庸关和八达岭两条隧道的工程最艰巨，隧道容易出现渗水、塌方等困难。詹天佑与修建铁路的工人一起奋战，采取各种措施，采用从两端同时向中间凿进的办法，解决了问题。

⊙**古今评说**

詹天佑被称为"中国铁路之父"，他主持修建的京张铁路是中国第一条自行修建的铁路，是我国铁路发展史上辉煌的篇章。京张铁路的顺利完成，是中国人民的胜利，也是中国爱国知识分子爱国的壮举。

京张铁路于1909年竣工，比原计划提前两年，总费用只有外国承包商索价的1/5。辛亥革命后，詹天佑为了振兴铁路事业，和同行一起成立中华工程学会，并被推为会长。这期间，他对青年工程技术人员的培养倾注了大量心血。

在我国铁路发展飞速猛进的今天，由詹天佑想出了"竖井开凿法""之"字形线路，仍旧起着十分重大的作用。中华工程师学会为了纪念詹天佑，在青龙桥车站为他建了一座铜像。

中国铁路之父詹天佑雕像